마술에 빠진 수학

저자 소개

신준식

서울교육대학교

한국교원대학교 대학원 교육학 박사 (수학교육)

헌) 춘천교육대학교 수학교육과 교수

초등수학교육론, 초등수학 수학과 교재연구와 지도법 등 저 · 번역서 다수

마술에 빠진 수학

초판 발행 2017년 2월 28일

지은이   신준식
펴낸이   박민우
기획팀   송인성, 김선명, 박종인
편집팀   박우진, 김영주, 김정아, 최미라
관리팀   임선희, 정철호, 김성언, 권주련
펴낸곳   (주)도서출판 하우

주소   서울시 중랑구 망우로68길 48
전화   (02)922-7090
팩스   (02)922-7092
홈페이지 http://www.hawoo.co.kr
e-mail   hawoo@hawoo.co.kr
등록번호 제475호

값 14,000원

ISBN 979-11-86610-84-8 03410

마술에 빠진 수학

신준식 씀

도서
출판 夏雨

이 책을 펴내면서

마술, 초등학교 때 들은 이 말은 내 마음을 흔들었고, 어떻게 그럴 수가 있을까? 호기심이 가득하였다.

마술, 중·고등학교 때 들은 이 말은 배운 지식을 총 동원하여도 왜 그런지 도대체 알 수 없었다. 탐구심이 가득하였다.

마술, 성인이 되어서 들은 이 말은 분명 속임수라고 단정하면서도 어떻게 속이고 있을까? 의구심만 가득하였다.

누구에게나 마술은 호기심과 동경의 대상이었으며, 내가 마술사가 되어 온 세상을 다 바꾸고 싶은 욕망도 있었다.

우리가 많이 본 마술은 모자 속에서 비둘기가 나와 날아가고, 종이를 찢어 물에 넣었는데 국수가 되며, 사람을 상자 안에 넣고 여기저기 칼로 찔렀는데 사람은 멀쩡하게 나타나며, 심지어 관객이 생각한 그림이나 글자를 미리 알아맞히는 것들이다. 이처럼 마술은 있을 수 없는, 상상하기 힘든 일 보여주기 때문에 신기하고 나도 해보고 싶다는 욕구가 컸다.

수학마술, 수학적 사실이나 원리, 법칙 등을 이용한 마술을 말한다. 모자 속에서 비둘기가 나타나지 않으며, 사람이 연기처럼 사라지는 마술은 아니지만 마술이라는 단어 하나로 어린 학생들은 그저 신기하고 재미있어 한다.

일반 마술이 눈속임이라면 수학마술은 머리속임이라고 할 수 있다. 즉, 수학마술 속에는 수학적인 원리가 숨어있으며, 수학마술의 비밀을 알아낸다는 것은 수학적인 원리를 깨우치는 것이다.

수학은 많은 학생들이 어려워하고, 싫어하면서도 어쩔 수 없이 잘 해야 한다는 중압감에 시달리게 하는 과목이다. 어렵고 싫어하는 수학을 마술로 한 방에 해결할 수 있다면 얼마나 좋을까? 불행하게도 수학마술은 우리의 그런 욕구를 충족시켜주지 못한다. 다만, 수학마술은 학생들의 호기심과 탐구심을 자극하여 수학적 성향을 긍정적으로 만드는 데 큰 도움이 된다. 이 정도만 해도 수학마술은 성공이라고 할 수 있다.

왜 수학마술이 초등학생들에게 의미가 있을까?

첫째, 수학을 좋아하게 만들 수 있다. 우리나라 학생들의 수학 성취도는 세계적으로 최상위권이지만 수학적 성향은 최하위권이다. 수학을 잘하기는 한데 어쩔 수 없이 한다는 것이다. 대학에 입학하면서부터 바로 수학과 담을 쌓는다. 그러나 중요한 것은 일상생활이나 직업에서 수학을 멀리할 수 없다는 것이다. 수학을 가까이하고, 기꺼이 수학적으로 생각하고, 수학을 이용하려고 해야 한다. 수학마술은 수학을 가깝게 하고, 수학을 좋아하게 되는 계기가 된다.

둘째, 논리적 사고력과 탐구력을 발달시킬 수 있다. 마술을 보면 왜 그런지 호기심이 발동되고 탐구력이 동원되어 그 원리를 깨달으려고 노력한다. 이런 노력을 자주 함으로써 사고력과 탐구력이 발달되며, 이런 능력은 일상생활, 학업, 직업에서 큰 힘이 된다.

셋째, 연산 능력을 발달시킬 수 있다. 수학마술을 하게 되면 기본적인 연산을 많이 해야 한다. 어떤 수를 생각하고, 그 수에 얼마를 더하고, 곱하고, 빼고, 나누는 등 일련의 연산이 필요한데 이 과정에서 연산 능력이나 암산 능력이 발달하게 된다. 마술을 통하여 재미있게 계산 연습을 하는 것이다.

넷째, 창의력을 기를 수 있다. 수학마술의 원리를 깨우쳤다면 그 원리를 이용하거나 그와 비슷한 원리를 이용하여 나만의 수학마술을 만들어 남과 다른 마술을 보여줄 수 있다. 알고 있는 지식을 이용하여 새로운 지식을 만들어내는 창의력은 미래 사회에서 요구되는 매우 중요한 능력이다.

다섯째, 의사소통 능력을 발달시킬 수 있다. 내가 수학마술사가 되어 여러 사람 앞에서 수학마술을 시연하게 되면 발표력이 발달되는 물론이고 자신감이 생기고 다른 사람과 소통하는 능력이 발달된다.

이 책은 6장으로 이루어졌는데 1장, 2장의 내용은 마술, 수학마술에 대한 기초적인 이해를 돕기 위한 것이다. 수학마술을 영역별로 분류하여 3장에서는 수, 연산 영역과 관련된 마술을 다루었고, 4장은 도형이나 측정 영역과 관련된 마술, 5장은 수 배열표(규칙성)와 관련된 마술, 6장은 여러 가지 마술을 다루었다.

3장~6장의 첫 두 페이지는 수학마술을 시연하기 위한 절차를 기술하였으며, 나머지 페이지는 수학마술의 원리를 설명하였다. 원리를 충분히 이해하였다면 나만의 마술을 만들 수 있을 것이다.

이 책이 수학 수업을 잘 하려는 교사에게 많은 도움이 되기를 바라며, 수학에 흥미나 관심이 부족한 일반 독자에게도 수학을 좋아하고 수학적 소양을 쌓는 데 기여할 수 있을 것으로 확신한다.

끝으로, 이 책이 훌륭한 모습으로 출간될 수 있도록 많은 노력을 아끼지 않은 도서출판 하우 편집진께 심심한 감사의 말씀을 드린다.

2017년 1월
석우 연구실에서

목 차

5장. 수 배열표 마술

6장. 여러 가지 마술

제 1 장

마술의 기초적 이해

우리나라 고대 소설에서도 둔갑술, 분신술, 축지법 등이 나타나고 조선 왕조실록에도
재미있고 다양한 환술, 또는 도술이 있었다는 기록이 있다. 마술의 시작과 발전, 그리고
우리나라의 마술에 대하여 알아보자.

1. 마술이란?

마술(魔術)이란 글자를 풀이하면 마귀의 술수, 계략, 혹은 꾀이고, magic이란 그리스어인 마기케(magikē)에서 유래된 말인데 마기케는 마고스(magos)가 가지고 있는 기술을 의미한다.

마고스는 고대 메디아 왕국에서 종교 의식을 담당하는 제사장으로 신비한 종교 지식의 소유자인데 예수 탄생을 예지한 동방박사 3사람을 마고스라고 한다.

마술의 사전적인 의미를 살펴보면 다음과 같다.

1) 국어사전: 재빠른 손놀림이나 여러 가지 장치, 속임수 따위를 써서 불가사의한 일을 하여 보이는 술법, 또는 그런 구경거리
2) 브리태니커: 인간의 영역을 초월하는 외부의 신비로운 힘에 접근함으로써 자연 현상에 영향을 미칠 수 있다고 믿는 의식이나 행동
3) 종교학 대사전: 인간이 내재적인 가능성을 완전히 개발해서 인간을 초월하는 존재와 접촉하거나 그 존재가 되는 초월적인 방법
4) 두산백과: 상식적인 판단으로는 불가능하다고 생각되는 기묘한 현상을 엮어내는 솜씨 또는 그러한 기능

위에서 보는 바와 같이 마술이란 속임수나 장치를 이용하여 상식적 판단으로는 불가능하다고 여겨지는 현상을 보여주는 의식이나 행동이다.

2. 마술의 역사

마술의 기원이나 역사는 분명하지 않지만 기원 전 2500년경에 건축된 이집트의 피라미드에서 마술의 흔적을 발견할 수 있고, 성경이나 각 민족의 신화에 마법이 나타나는 것으로 미루어 마술은 오랜 역사와 전통을 가지고 있다. 거위의 목을 잘랐다가 붙이거나 컵 속의 공을 사라지게 하는 마술이 있었던 것으로 전해지고 있다. 중국의 당나라에서는 불 뿜기, 칼 먹기 마술이 있었고, 우리나라는 삼국 시대부터 항아리에 몸을 숨기는 마술이 있었다고 전해진다.

1) 서양의 마술

서양에서 마술은 피라미드에서 볼 수 있듯이 오랜 역사와 전통을 지니고 있다. 초기에는 구슬을 사라지게 하는 정도의 속임수에 불과하였지만 거위의 목을 베었다가 다시 붙이는 마술로 발전되었다.

> 이집트 제 4왕조 시대: 밀랍으로 만든 악어를 진짜 악어로 살려내는 마술, 우물 바닥에 보석을 떨어뜨린 다음 주술을 외우며 우물을 둘로 쪼개어 보석을 꺼내는 마술 등
>
> 그리스, 로마 시대: 마술의 소재는 주로 컵과 구슬이었으며, 수비학(numerology)이 발달되었음
>
> 중세 시대: 기독교 문화가 번성하던 시대로 마술사가 마귀의 힘을 빌어 주술을 부린다는 이유로 화형에 처하기도 하는 등 마술의 암흑시대이었다. 마술이 크게 발전되지 못하였지만 여전히 초자연적인 주술, 신비술에 연계되었음.

1584년: Reginald Scot의 The Discoveries of Witchcraft(신비술의 발견)
　　　　이라는 책이 출판됨. 많은 마술의 비밀에 대한 설명하였음
17세기: 과학 기술의 발달과 함께 여러 가지 도구나 설비를 이용한 규모 있
　　　　는 마술들이 연구 고안되어 독립된 예능으로서 차원을 높였음
18세기: 도구를 사용한 마술을 무대에 올려놓을 수 있는 수준으로 발전되어
　　　　예능의 하나가 되었음
19세기: 과학을 응용한 호화롭고 대규모적인 무대 장치의 마술인 인체부양
　　　　(人體浮揚) 등이 고안되어 비약적인 발전을 이루었음
20세기: 비약적인 진보를 이루었으며, 수갑이나 사슬로 몸을 묶거나 작
　　　　은 상자에서 빠져나오는 탈출마술, 테레파시나 독심술 형태의 멘
　　　　탈매직(mental magic), 심리적인 트릭을 이용하는 미스디렉션
　　　　(misdirection) 등이 개발되었음.

2) 동양의 마술

　동양의 마술의 발상지는 중국과 인도인데, 인도에서는 우파니샤드라는
힌두교 경전이나 불교 경전(經典)에도 마술에 관한 기록이 있다. 그러나
고대 당시에는 수준이 높았지만 중세와 근세를 거치는 동안 더 발전된 내
용은 없고, 단지 명맥만 잇는 정도였다.

　　　인도의 마술: 망고 나무를 쑥쑥 자라게 하는 마술, 컵과 구슬을 이용한 마
　　　　　　　　　술, 상자 속에 소년을 들어가게 하고는 사방팔방에서 칼로
　　　　　　　　　찌르는 마술, 한 손으로 기둥을 잡고 공간에 몸을 눕혀 잠을

자는 마술, 쌀이 든 항아리에 막대기를 꽂아 그대로 들어 올
리는 마술, 저절로 위로 뻗어 오르는 로프 마술 등이 유명함

중국의 마술: 물 뿜기, 칼 먹기, 공중을 나는 접시라든지, 작은 항아리에 사
람을 넣는 마술 등

일본의 마술: 주술이 마술로 발전되었으며, 주로 소환술(召喚術)이 많이
이루어졌다고 함

3) 우리나라 마술

우리나라에서는 환술(幻術)이라고 하였으며, 신체, 재빠른 손놀림, 특
수도구, 과학적 원리 등을 활용하여 불가사의한 광경을 보여주는 기예
를 말한다. 기희(奇戲), 기술(奇術), 신선방술(神仙方術), 신선희술(神仙戲
術), 요술(妖術), 마술(魔術) 등으로 다양하게 불렸다. 기희, 기술은 '신기
하다'는 기교적 특징에 중심을 둔 것이고, 신선방술과 신선희술은 신선세
계를 추구하는 도사(道士)들이 자신들의 신통력을 보여주는 것이며, 요술
(妖術)이란 명칭에는 환술을 연행할 때 나타나는 변화들이 현실에서 불가
능하므로 요괴나 귀신의 농간일 것이라는 부정적 시각이 반영된 것으로
보인다.

마술은 일본과 서양에서 매직(magic)이 대대적으로 중국에 유입되자
중국 환술가들이 magic이란 단어의 의미와 발음을 고려하여 마술(魔術)
이라고 번역해서 사용한 것이 점차 보편적인 용어로 자리 잡게 되었다.

신서고악도(信西古樂圖)에 그려진 신라악(新羅樂) 입호무(入壺舞)로 미
루어 삼국시대에 환술이 널리 행해지고 있었음을 알 수 있다. 삼국유사에
의하면 노거사(老居士)는 사람을 공중 부양시킨 다음, 땅에 거꾸로 박히

게 했으며, 인혜사(因惠師)는 오색 구름을 일구고 꽃이 흩날리며 떨어지게 했다. 삼국사기에는 김암(金巖)이 둔갑술(遁甲術)에 능했다는 기록이 있다.

[그림 1-1] 신라악 입호무(전경욱, 한국전통연희사전, 민속원)

고려사(高麗史)에는 귀신놀이를 하면서 불을 토하던 연희자가 실수로 배 한 척을 태웠다는 기록이 있고, 고려 말 이색의 구나행(驅儺行)에도 '불을 뿜어내기도 하고 칼을 삼키기도 하네(吐出回祿呑靑萍)'라는 구절이 있는 것으로 미루어 공연예술로서 탄도(呑刀)와 토화(吐火)가 널리 행해졌음을 확인할 수 있다.

선조실록에는 중국인이 요술을 부려 '수탉의 눈에 못을 박았다가 뽑았으나 멀쩡했다', 광해군일기에는 이영필이 '붉은 글씨로 쓴 글과 부적들이 낭자할 뿐만 아니라 시체를 머리부터 발끝까지 둘로 갈라놓기까지 했다', 성종실록에는 이계생 등이 '사람의 젖으로 재(灰)를 개어 종이에다 글자를 쓰거나 혹은 불상(佛像)을 그려서 그것을 물에 담그면 백문불상 (白文佛像)이 되고, 불에 비치면 적문불상(赤文佛像)이 되었다', 고종실 록에는 죄인 이필제가 '천만가지 변신술을 쓰면서 도망 다녔다'는 기록이 있어 조선시대에도 환술이 이어졌음을 알 수 있다.

그러나 환술을 요술이라고 하였듯이 부정적으로 보아 크게 발전하지 못하고 명맥만 유지하고 있었다. 조선시대 후기에는 남사당패의 공연 종 목 중에 얼른이라는 것이 있었는데, 이것이 바로 환술이다. 얼른의 구체 적인 내용은 전해지지 않지만 남사당패의 일원 중 얼른쇠가 있었다고 하 니 환술이 실행되었음을 알 수 있다.

일제강점기에 당시 일본에서 매우 유명했던 여류 마술가가 궁궐에서 공연하였다는 것은 현대적 기술이 접목된 마술의 유입이라 할 수 있다.

우리나라 전통의 환술의 유형은 무에서 유를 만들기, 형체 변화시키기, 위치 변화시키기, 화학적 변화 이용하기, 고행의 결과 등이 있다.

• 무(無)에서 유(有)를 만들거나 여러 개로 만들기

빠른 손놀림과 도구를 이용하여 무언가를 만들어내는 종류의 환술을 말한 다. 씨를 뿌려 순식간에 과일을 따거나 오색구름을 일구고 꽃이 흩날리며 떨 어지게 하는 환술이다. 또 돈의 양을 자유자재로 변화시키는 변전(變錢)도 있다. 빠른 손기술이 요구되며, 보는 이들의 시선을 끌기 위하여 부채나 막대 기 등의 보조도구를 사용하기도 한다.

• 형체 변화시키기

사람이나 사물을 다른 것으로 바꾸거나 훼손된 것을 원래 모습으로 돌려 놓는 환술이다. 물고기가 용으로 변하는 환술이나 손을 묶은 뒤 스스로 푸는 자박자해(自縛自解) 등이 있다. 둔갑술이나 변신술, 변검도 여기에 해당한다.

• 위치 변화시키기

사람이 사라졌다가 다른 위치에서 다시 나타나기, 공중부양(空中浮揚), 몸을 숨기는 환술이다. 신라악 입호무(入壺舞)는 항아리에 몸을 숨기는 환술이다. 항아리나 상자 등에 빈 공간을 만들거나 다른 공간으로 빠져나갈 수 있는 통로를 만드는 방법을 사용했거나 두 사람이 한 사람인 것처럼 연출하여 감쪽같이 속이는 방법을 사용했을 것이다.

• 화학적 변화 이용하기

자연과학의 원리에 뛰어난 연기력을 더하면 멋진 환술을 연출할 수 있는데, 불을 토하는 토화(吐火)나 종이 따위에다 글이나 그림을 그려서 실물로 바꾸거나 없어지게 하는 서부술(書符術) 등이 대표적이다.

• 고행(苦行)의 결과

수년간의 혹독한 훈련을 통하여 상상할 수 없는 모습을 보여 주는 환술이다. 가장 대표적으로 칼이나 창, 침 등 날카로운 물건을 삼키는 탄도와 같은 환술이 있으며, 현재 무속 등에서 신통력을 보여 주기 위해 작두나 칼 위에 올라서서 춤을 추는 등의 행위도 여기에 해당한다.

3. 마술의 종류

마술의 종류는 다양하지만 소재에 따라, 효과에 따라, 시연 형태에 따라 분류할 수 있다.

1) 소재에 따른 분류

마술의 소재로 이용되는 것은 매우 다양하지만 간단하고 규모가 작은 마술의 소재는 주로 동전마술, 카드마술, 줄 마술, 종이 마술 등이 있으며, 규모가 큰 마술은 무대에서 펼쳐지는데 사람이나 동물 등을 이용하는 마술도 있다.

2) 효과에 따른 분류

- 생성: 없었던 대상을 나타나게 하는 마술(빈 상자에서 물건을 나타나게 하는 마술 등)
- 소멸: 있었던 대상을 없애는 마술(손 안의 동전이 없어지는 마술 등)
- 변형: 대상의 특성을 변화시키는 마술(종이를 잘라 국수로 만드는 마술 등)
- 복구: 변형된 대상을 원래의 상태로 되돌리는 마술(줄을 가위로 자른 후, 이어 붙이는 등)
- 이동: 대상을 다른 곳으로 움직여 나타나게 하는 마술(마술사 자신이 사라졌다가 다른 장소에서 나타나는 마술 등)
- 탈출: 마술사 또는 보조자가 특정 위치에 묶여 있으면 제한된 시간 안에 탈출하는 마술
- 공중부양: 대상을 허공에 띄우는 마술(사람을 허공에 띄우는 마술 등)

• 심리: 생각한 수나 색깔 등을 맞히는 마술로 독심술이라고도 함(관객이 적은 글을 맞추거나 생각한 수를 알아맞히는 마술 등)
• 초능력 마술: 초능력을 보여주는 마술(숟가락 구부리기 등)

3) 시연형태에 따른 분류

① 클로즈업(close-up) 마술

마술사가 관객 바로 앞에서 시연하는 형태이다. 주로 카드나 동전을 비롯한 소품을 이용하며 관객에게 도구를 직접 확인시키기도 하기 때문에 관객의 반응이 매우 크다.

• 테이블(table)마술

장소가 작으며 관객이 소수일 경우에 적합한 마술로서 동전이나 카드 또는 주변의 물건을 이용한다. 관객과 가까운 곳에서 시연되기 때문에 작은 실수라도 있어서는 안 된다.

• 테이블 패트롤(table patrol) 마술

테이블 마술보다는 넓은 공간에서 마술사가 테이블을 돌아다니면서 보여주는 형태이다. 많은 인원에게 보여줄 수 있다는 장점이 있다. 레스토랑에서 한다면 식사하면서 마술 공연을 관람할 수 있으니 더욱 재미있을 것이다.

② 스테이지(stage) 마술

무대 위에서 시연되는 형태이다. 마술 도구가 클로즈업 마술보다 크고,

음악과 조명을 사용하기 때문에 무대 공연답게 화려하고 환상적이다. 스테이지에서 행해지는 큰 규모의 마술을 일루젼(illusion)이라고도 한다.

• 일루젼(illusion)

무대에서 규모가 큰 형태로 시연되며, 사람을 공중에 띄운다던가, 인체를 분리하는 마술, 동물을 생성하거나 소멸시키는 마술 등을 보여줄 수 있다.

• 그랜드 일루젼(grand illusion)

같은 일루젼이지만 야외에서 행해지는 것이 특징인 마술로 탈출 마술이나 대형 건조물을 사라지게 하는 등의 마술이다.

③ 팔러(parlor)

무대가 없다는 점에서는 클로즈업 마술과 같지만 넓은 장소에서 시연된다는 점에서 구별된다. 백화점 야외무대나 이벤트 행사 등에서 주로 사용되며, 마술 도구는 클로즈업 마술에서 사용하는 것부터 큰 규모의 도구까지 폭넓게 사용할 수 있고, 장소에 제약을 두지 않으면서 많은 사람들에게 보여줄 수 있다는 장점이 있다.

제 2 장

교육마술

호기심과 탐구심을 자극할 수 있는 마술을 수업에 활용하면 학생들이 적극적으로 참여할 것이고, 학습의 동기를 부여하는 데 효과가 높을 것으로 기대된다. 마술을 교육에 활용하는 교육마술에 대하여 알아보자.

1. 개념

교육마술과 일반 마술은 마술이라는 점에서 같지만 대상이 학생이고
목적이 즐거움뿐만 아니라 교육적인 효과를 얻고자 하는 점에서 구별된
다.

교육마술을 교육을 위한 마술(magic for education) 또는 교육과 마술
의 결합(edumagic)으로 표현하고 있으며, 이것은 교육에 도움을 주기 위
해 마술 기법을 도입한 새로운 교수기법이라고 할 수 있다.

교육마술에 대한 다양한 정의가 있지만 대체로 교육의 효과를 높이기
위하여 마술 기법을 도입한다는 점에 대해서 일치한다. 다음은 교육마술
에 대한 연구자들의 정의이다.

> McCormack(1990): 오락으로서 즐거움을 주는 동시에 교육적 목적이나
> 　　　　　　　효과를 얻기 위해 사용되는 마술
> 박근영(2010): 마술을 이용한 주의집중, 발표력, 리더십 함양 등의 교육적
> 　　　　　　효과뿐만 아니라 학습에 흥미를 갖게 하는 모든 방법
> 유영은(2011): 과학마술이란 마술같이 신기한 과학이다.
> 함현진(2011): 마술을 통하여 실생활에 적용되는 과학적 원리를 쉽게 배
> 　　　　　　우도록 하고, 적극적인 의사 표현과 자신감을 북돋아 주기
> 　　　　　　위한 마술
> 황의성(2011): 일반 마술처럼 마술을 매개로 한다는 점은 같지만 학습자
> 　　　　　　를 대상으로 하여 교육적인 효과를 얻고자 하는 마술
> 김택수(2015): 교육전문가가 학생들의 학습목표 달성을 위하여 마술을 교
> 　　　　　　육에 활용하는 것

다양하게 교육마술을 정의하였지만 마술 기법을 도입하여 교육적인 효과를 얻고자 함은 공통적이므로 결국 교육마술이란 인지적, 정의적인 교육 효과를 얻기 위한 마술이라고 할 수 있다.

일반 마술이 관객의 즐거움을 위하여 눈속임과 화려한 기술에 의존한다고 하면 교육마술은 즐거움과 함께 원리를 깨달을 수 있는 기회가 되어야 한다. 오직 즐거움이나 주의집중을 위하여 마술을 활용하였다면 마술에 대한 생각으로 오히려 학습에 방해가 될 뿐이다. 마술이 학습으로 자연스럽게 이어져야 마술의 교육적 효과를 얻을 수 있을 것이다.

2. 필요성

교육마술은 주로 학습 동기 유발, 호기심과 흥미 지속, 적극적인 학습 참여, 교수 전략 개발 측면에서 필요하다.

1) 학습 동기 유발

많은 학생들이 학습에 흥미를 갖지 못하고 있으며, 매우 수동적인 태도로 학습에 참여하고 있다. 학습하려는 동기가 부여되었을 때 학생들이 학습의 주체가 되고, 학습에 적극 참여할 것이다. 학습 동기를 부여하려면 학생들의 흥미와 관심을 이끌어야 하는데, 이에 적절한 방법이 교육마술이다. 학생들이 마술을 봄으로써 지적인 호기심이 유발되고, 그 원리를 알아내려는 탐구심이 발동된다. 이것이 내적 동기이며, 내적 동기는 장기적으로 성공적인 학습을 담보할 수 있다. 따라서 학습 동기 유발은 수업을 전개할 때 꼭 필요하며 동기 유발 방법은 매우 중요한 교수 전략이다.

2) 재미있는 학습

교사 중심의 일방적인 설명식 수업에서는 학생들이 학습 내용을 쉽게 이해하기 어려울 뿐만 아니라 수동적인 학습으로 인하여 금방 싫증내고 학습을 쉽게 포기한다. 따라서 학생 중심으로 재미있게 학습에 참여할 수 있는 수업 전략이 필요하다. 수업에서 게임을 활용하는 것은 이런 수업 전략 중의 하나이다. 마술은 학생들의 호기심을 자극하고 관심을 집중시킬 수 있어 학생 중심의 수업 전략에 매우 적절하다. 수학, 과학 등 이해하기 어려운 교과일수록 마술을 활용하는 수업 전략은 매우 매력적이다. 이미 과학 교과에서는 과학마술이 많이 연구되고 있으며, 교육현장에서도 널리 활용되고 있다.

3) 교수전략 개발

교사의 전문성은 교수 전략에 있다. 학습에 적극 참여하기를 어려워하는 학생들에게 지적인 호기심을 불러일으키거나 인지적 갈등을 야기 시키는 상황을 제공한다면 문제를 해결하기 위하여 스스로 참여하게 될 것이다. 이런 측면에서 교육마술은 중요한 교수 전략의 하나가 된다. 교사가 다양한 교수 전략을 가지고 있다면 학생의 인지적 수준에 따라, 학습 분위기나 상황에 따라, 학습 환경에 따라 적절한 교수 전략을 사용하여 수업을 전개할 수 있을 것이다.

교육마술은 일반마술과 달리 수학이나 과학적인 원리를 바탕으로 하기 때문에 화려한 연기, 연출이나 재빠른 손동작 등이 필요하지 않아 교사들이 쉽게 익힐 수 있다.

3. 교육마술의 효과

교육마술을 수업에 적용한 많은 연구에서 교육마술은 학습 동기유발, 주의 집중력 등에서 가장 큰 효과가 있음을 입증하고 있다(윤정현, 2012; 장성우, 2013; 김은미, 2012; 이동규, 2002 등). 인지적인 측면보다는 학습 태도, 호기심, 자신감, 자아정체성, 배려하는 마음 등 정의적인 측면에서 효과적이다.

교육 마술은 호기심을 유발하게 되므로 이를 수업 내용과 연결시키면 교과 내용에 대한 이해가 발달되고, 탐구력과 문제해결력, 창의력 발달에 많은 도움이 된다.

마술을 종합예술이라고 하듯이 교육마술도 통합교과라고 할 수 있다. 학생이 마술사가 되어 마술을 시연한다면 각본을 작성해야 하고, 극적인 효과를 얻기 위한 방법, 몸짓과 표정, 목소리의 크기, 발음, 어휘, 음악이나 조명 등을 고려해야 하고, 특히 각 교과 내용을 이용해야 하므로 교과에서 추구하는 교육목표 달성에 도움이 된다. 또, 마술은 혼자 하는 것이 아니라 여러 사람에게 보여주어야 가치를 인정받을 수 있기 때문에 누구에게나 적극적으로 접근하게 되어 사회성이 발달되고 자신감이 생긴다. 또, 자신만의 마술을 만들어 시연함으로써 이미 학습한 교과의 내용을 적절하게 활용할 수 있는 창의성을 기를 수 있다.

4. 수학마술

　수학마술이란 수학적인 원리, 법칙 등이 내용이 활용된 마술이다. 수학마술의 대부분은 정수의 성질, 연산의 성질 등을 이용한 것이다. 마술이 본래 속임수를 이용한 것이지만 교육마술 특히 수학마술은 단순히 눈이나 재빠른 손동작과 같은 속임수라기보다는 수학적인 원리를 이용한 두뇌의 속임수라고 할 수 있다. 아주 간단한 수학마술의 예를 들어보자. 1학년 학생에게 1~9 중에서 좋아하는 수를 마음속으로 선택하면 교사가 그 수를 알아맞히겠다고 하면 학생은 지적으로 놀랄 뿐만 아니라 호기심이 발동하게 된다. 교사는 학생에게 생각한 수에 5를 더하고 또 7을 더하라고 하고 답이 얼마인지 물어본다. 20이라고 대답하면 학생이 생각한 수는 8이라고 알아맞힌다. 학생은 어떻게 알아맞혔는지 매우 궁금해 할 것이다. 같은 방법으로 몇 번 되풀이 하면 학생이 스스로 깨달을 수 있을 것이다. 이런 수학마술의 시연 과정에서 학생은 한 자리 수 암산 능력이 발달될 것이고, 역연산이라는 수학적 개념을 스스로 깨달을 것이다.
　수학마술의 교육적 가치는 교사 측면과 학생 측면에서 살펴볼 수 있다.

1) 교사 측면

- 효과적으로 학습 동기를 유발시킬 수 있다.
- 수업이 자연스럽게 연결되는 수학마술을 통한 수업을 전개할 수 있다.
- 수업에 학생들을 적극적으로 참여시킬 수 있는 계기를 만들 수 있다.
- 학생과 의사소통이 활발해져 학생에 대한 인지적, 정의적인 정보를 얻을 수 있다.

2) 학생 측면

교육마술의 가치와 같지만 인지적인 영역과 정의적인 영역에서 좀 더 살펴볼 수 있다.

(1) 인지적 영역

- 수학적인 개념, 원리를 학습할 수 있다.
- 계산 및 암산 능력을 발달시킬 수 있다.
- 논리적 사고력과 탐구력을 발달시킬 수 있다.
- 자신만의 수학마술을 만들어 시연함으로써 창의성과 의사소통 능력이 발달된다.

(2) 정의적 영역

- 수학에 대한 흥미와 관심을 유지시킬 수 있다.
- 수학 학습에 자신감이 생기고, 반대로 불안감을 해소시킬 수 있다.
- 수학을 가까이 하고, 좋아할 수 있는 계기가 된다.

5. 수학마술하기

1) 준비

- 단원의 내용과 학습목표를 고려하여 적절한 수학 마술을 선택한다.
- 수업차시의 내용과 직접 연결될 수 있도록 수학마술을 변형시킨다.
- 예상되는 반응에 대하여 사전에 대비한다.
- 교사 자신의 행동을 미리 계획해야 한다.

2) 언어, 자세

- 학생들의 시선을 집중시킨다.
- 학생들의 호기심과 궁금증을 자극할 수 있도록 수학마술의 내용을 소개한다.
- 불필요한 교사의 언어와 행동으로 학생들의 시선을 분산시키지 않도록 한다.
- 정확한 어휘를 사용하고, 분명하게 발음하며, 적절한 빠르기로 말을 하여 학생들이 이해하기 쉽도록 한다.
- 학생에 대한 정보(나이, 취미, 특기, 장점 등)를 마술에 적극 활용하면 좋다.
- 예상하지 못한 반응에 대하여 임기응변이 필요하다.

3) 주의할 점

- 학생들에게 마술사가 아닌 교사로서 자세를 유지한다.
- 마술이 수업 내용과 연결되어야 한다.
- 마술을 남발하지 않도록 한다.
- 교사의 마술의 원리를 깨달았다면 학생들에게 자신만의 마술을 만들어보게 하여 친구들 앞에서 시연해보게 한다. 이 과정에서 창의성과 의사소통 능력이 발달된다.

제 3 장

마법의 수

수가 수학의 기초이듯이 수학마술의 대부분은 수의 성질이나 연산을 이용한 것이다. 몇 가지 연산을 하면 생각한 수를 알아맞히거나 몰래 지운 숫자를 알아맞히는 마술은 학생들의 관심과 흥미를 이끌기에 충분할 뿐만 아니라 이를 통하여 암산이나 계산 능력을 발달시키기에 효과적이다.

Math Magic 3-1

지운 숫자 알아맞히기 1

 4자리 수를 쓰고, 그 중에서 어느 한 숫자를 지우면 지운 숫자를 알아맞히는 마술입니다.

여러분이 마음대로 4자리 수를 쓰세요.
물론 나는 볼 수 없습니다.

1234

그 수의 각 자리 수를 더하세요.

1+2+3+4=10

4자리 숫자 중에서 한 숫자를 지우세요.
여러분이 지운 수를 알아맞히겠습니다.

1234에서 4를 지운다. 123

3자리 수에서 각 자리 수의 합을 빼세요.

30

123-10=113

자릿수 합이 얼마인지 알려주면
지운 숫자를 알아맞히겠습니다.

5입니다.

마술사의 생각

음, 113이라고 했지. 각 자릿수를 더하면
1+1+3=5, 원래 9가 되어야 하는데...
그렇다면 4를 지웠군.

" 지운 숫자는 4입니다."

1) 9의 배 수 성질

우리가 사용하는 수 9는 재미있는 성질을 가진 수이다. 이런 성질을 이용하면 다양한 수학 마술을 만들 수 있다.

곱셈구구 9의 단은 다음과 같다.

$9 \times 1 = 9$ $9 \times 2 = 18$ $9 \times 3 = 27$

$9 \times 4 = 36$ $9 \times 5 = 45$ $9 \times 6 = 54$

$9 \times 7 = 63$ $9 \times 8 = 72$ $9 \times 9 = 81$

9단의 곱에서 십의 자리가 1씩 커지는 반면에 일의 자리는 1씩 작아지고, 각 자리 수를 더하면 9가 된다는 패턴을 찾을 수 있다. 이를 좀 더 확장하여도 그런 패턴은 계속된다.

$9 \times 10 = 90$ $9 \times 11 = 99$ $9 \times 12 = 108$

$9 \times 13 = 117$ $9 \times 14 = 126$ $9 \times 15 = 135$

$9 \times 16 = 144$ $9 \times 17 = 153$ $9 \times 18 = 162$

$9 \times 19 = 171$ $9 \times 20 = 180$ $9 \times 21 = 189$

9의 곱에서 각 자리 수를 더하면 9의 배수가 된다.

```
28×9=252        →   2+5+2=9
253×9=2277      →   2+2+7+7=18
838×9=7542      →   7+5+4+2=18
854×9=7686      →   7+6+8+6=27
```

또, 곱의 각 자리 수의 합이 한 자리 수가 될 때까지 계속 더하면 9가 된
다.

```
838×9=7542      →   7+5+4+2=18    →   1+8=9
854×9=7686      →   7+6+8+6=27    →   2+7=9
```

9의 배수에서 각 자리 수를 더하면 9의 배수가 되는 이유를 알아보자.

임의의 4자리수 abcd가 있다고 하자. 이를 십진기수법으로 나타내면
다음과 같다.

```
1000a+100b+10c+d
= 999a+99b+9c+a+b+c+d
= 9(111a+11b+c)+a+b+c+d
```

$9(111a+11b+c)$는 9의 배수이므로 $a+b+c+d$가 9의 배수이면 임의의
4자리 수는 9의 배수가 된다는 것을 알 수 있다.

9의 이런 성질을 이용하면 어떤 수가 9의 배수가 되는지, 9로 나누면 나머지가 얼마가 되는지 쉽게 알 수 있다. 예를 들면, 임의의 수 567,892의 각 자리 수의 합은 37인데 37은 9의 배수가 아니므로 567,892는 9의 배수가 아니다. 또, 349,245의 각 자리 수의 합은 27인데 이것은 9의 배수이므로 349,245는 9의 배수이다.

567,892 → 5+6+7+8+9+2=37 (9의 배수가 아님)
349,245 → 3+4+9+2+4+5=27 (9의 배수임)

임의의 수를 9로 나누면 몫은 얼마인지 모르지만 나머지가 얼마인지는 쉽게 알 수 있다. 이를 위하여 합동식에 대하여 알아보자.

2) mod 9의 합동식

다음 계산을 답이 얼마인지 알아보자.

3+4=7   4+9=1   7+5=0   9+8=5
11+10=?

11+10의 답은 9이다. 시계판에서 계산한 결과이다. 시계판에는 1부터 12(수학적으로는 0이어야 함)까지의 숫자만 있으므로 3+4=7, 4+5=9, 6+5=11이 되어 일반적인 덧셈과 같지만 6+7=1, 8+8=4, 11+10=9가 되

어 일반적인 덧셈과 다르다.

6+7=13이지만 13은 1과 같게 된다. 이것은 오직 시계판에서만 적용된다. 시계판에서 26은 2와 같고, 55는 7과 같다. 시계판에서 연산은 12의 합동식이 적용된다.

합동식(congruent expression)에 대하여 알아보자.

두 정수 a, b의 차가 정수 m의 배수일 때 a와 b는 m을 법(法)으로 하는 합동이라 하고, 이것을 a≡b(mod m) 또는 a≡b(m)의 식으로 표시하는데, 이 식을 합동식이라고 한다.

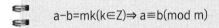

a-b=mk(k∈Z)⇒ a≡b(mod m)

예를 들어, 49와 1의 차는 48인데 이것은 12의 배수이다. 따라서 49≡1(mod 12)로 나타낼 수 있다. 즉, 49와 1은 mod 12에서 합동이다. 54와 0의 차는 54인데 9의 배수이므로 54≡0(mod 9)으로 나타낼 수 있고, 54와 0은 mod 9에서 합동이라고 한다.

a≡0(mod m)은 a를 m으로 나누었을 때 나머지가 0이라는 의미이다. 즉, a는 m으로 나누어떨어진다. a≡1(mod 9)는 a를 9로 나누면 나머지가 1이라는 것도 알 수 있다.

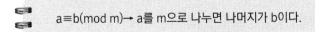

a≡b(mod m)→ a를 m으로 나누면 나머지가 b이다.

임의의 수를 9로 나누면 나머지가 얼마인지 알아보자. 앞에서 설명한 9

의 배수 판정에서 임의의 수가 9의 배수이면 각 자리 수의 합이 9의 배수임을 알았다. 따라서 임의의 수≡각 자리 수의 합(mod 9)이다.

임의의 수≡각 자리 수의 합≡0(mod 9)

예를 들어, 891≡8+9+1=18≡0(mod 9)이므로 891은 9의 배수이다. 892를 9로 나누면 나머지가 1이고, 893을 9로 나누면 나머지가 2이다.

891≡18≡0(mod 9)

892≡19≡1(mod 9)

893≡20≡2(mod 9)

이제 임의의 수를 9로 나누었을 때 나머지가 얼마인지 알아보자. 3,892의 각 자리 수의 합은 22→ 2+2=4이므로 3,892와 22, 4는 각각 mod 9에서 합동이다.

3,892≡22≡4(mod 9)

즉, 3,892는 mod 9에서 4와 합동이므로 3,892를 9로 나누면 나머지가 4임을 알 수 있다. 이것은 나머지 정리의 기초 개념이다.

마술에 빠진 수학

3) Math Magic의 원리

임의의 4자리 수에서 어느 한 숫자를 지웠는데 어떤 숫자를 지웠는지 어떻게 알았을까?

임의의 4자리 수 abcd와 각 자리 수의 합 a+b+c+d는 mod 9에서 합동이다. 이것을 합동식으로 나타내면 다음과 같다.

$$1000a+100b+10c+d \equiv a+b+c+d \pmod 9$$
$$1000a+100b+10c+d-(a+b+c+d) \equiv 0 \pmod 9$$

임의의 4자리 수에서 어느 한 숫자 b를 지웠다고 하면 1000a+10c+d와 a+b+c+d는 mod 9에서 합동이 아니다. 따라서 합동이 되는 수를 구하면 지운 숫자를 구할 수 있다. 예를 들어, 임의의 수 5,627를 생각해보자. 5,627은 각 자리 수의 합 20과 mod 9에서 합동이고, 나누어떨어진다.

$$5,627-20 = 5607$$
$$\equiv 18 \pmod 9$$
$$\equiv 9 \pmod 9$$
$$\equiv 0 \pmod 9$$

5,627에서 7을 지웠다고 하자. 562가 각 자리 수의 합 20과 mod 9에

서 합동되고, 나머지가 0이 되는지 알아보면 된다.

$$562-20=542$$
$$\equiv 11 \ (\text{mod } 9)$$
$$\equiv 2 \ (\text{mod } 9)$$

562는 2와 mod 9에서 합동이다. 즉, 562를 9로 나누면 나머지가 2이다. 나누어떨어지려면 7이 부족하다. 따라서 7을 지웠음을 알 수 있다. 이 원리는 자리 수와 상관이 없이 적용되지만 지운 수를 빨리 찾으려면 5자리 이하가 적절하다.

이 마술에서 주의할 점은 마지막 대답한 수의 자릿수 합이 9이면 지운 숫자는 일정하지 않고 0이거나 9이다.

예를 들어, 처음에 생각한 수가 3052라고 한다면 자릿수의 합은 1이다. 3052에서 지운 숫자가 0이라고 하면 352-1=351이다. 351의 자릿수 합은 9이다. 따라서 지운 숫자는 0이다. 그런데 3259를 생각하였다면 자릿수의 합은 1이다. 3259에서 9를 지웠다면 325-1=324이다. 324의 자릿수 합은 9이므로 0을 지웠다고 말할 수 있지만 실제로는 그렇지 않다. 0과 9는 mod 9에서 합동이기 때문이다. 이럴 때에는 지운 숫자가 0이나 9라고 대답해야 마술사의 권위를 잃지 않는다.

또, 이 마술을 다음과 같은 절차로 시연해도 된다.

1) 4자리 수 생각하기

2) 자리 수의 합 구하기

3) 어느 한 자리 수 지우기

4) 처음 생각한 4자리 수−자리 수의 합

5) 결과 말하기

6) 지운 숫자 알아맞히기

나만의 마술

1. 임의의 수가 3자리 수 또는 5자리인 경우에서 마술을 만들어 보자.

2. 십진법에서는 9가 다양한 성질을 가진 마법의 수이다. 5진법에서는 어떤 수가 마법의 수가 되는지 알아보자.

나이 알아맞히기

 나이를 알아맞히는 마술입니다. 물론 두 자리 수를 알아맞히는 것과 같습니다.

여러분의 나이를 알아맞혀보겠습니다.
임의의 4자리 수를 선택해주세요.

4537

선택한 수에 9를 곱해주세요.

4537×9=40833

그 수에 자신의 나이를 더하세요.

40833+24(살)=40857

각 자리 수를 더하세요. 얼마입니까?

24입니다.

마술사의 생각

24라고 했으니 2+4=6이므로 6에 9를 차례로
더하면 15, 24, 36,…인데
이 사람의 얼굴이나 체격으로 미루어 15살일
것이다.

" 학생의 나이는 15살입니다. "

1) 자릿수 근(digital root)

자릿수 근이란 어떤 수의 각 자리의 수를 더하고, 그 합의 각 자리 수를 더하여 한 자리가 되었을 때 그 수를 자릿수 근(digital root) 또는 자리 수의 합이라고 한다. 예를 들어, 75,248의 자릿수 근은 7+5+2+4+8=26→ 2+6=8이므로 8이다. 자릿수 근을 빨리 구하는 방법은 2가지가 있다. 첫째, 앞에서부터 한 자리씩 차례로 합을 구하면서 두 자리 수가 되면 다시 자리의 수를 더한다. 즉, 7+5=12→ 1+2=3, 3+2=5, 5+4=9, 9+8=17→ 1+7=8이다. 둘째, 9가 되는 수를 지우면 계산이 편리해진다. 즉, 7, 5, 2, 4, 8에서 7과 2, 5와 4를 지우면 8이 남으므로 자릿수 근 8이다. 이 방법이 가장 빠른 방법일 것이다.

자릿수 근은 어떤 수를 9로 나누었을 때 나머지와 같다. 75,248을 9의 합동식으로 나타내면 $75,248 \equiv 26 \equiv 8 \mod 9$이다. 즉, $75,248 \div 9$를 계산하면 나머지가 8이다.

자릿수 근의 성질을 이용하면 계산의 결과를 쉽게 검산할 수 있다. 예를 들어, 3435+9857=13292의 계산이 옳은지 자릿수 근을 이용하여 알아보자. 좌변의 자릿수 근은 3+4+3+5+9+8+5+7→ 8이고, 우변의 자릿수 근은 1+3+2+9+2→ 8이므로 옳은 계산이다.

2) Math Magic의 원리

이 마술도 mod 9의 성질을 이용한 것이다. 임의의 x를 선택하게 하고, 9를 곱하면 $9x$가 되고, 그 수에 나이 y를 더하면 $9x+y$이다. $9x+y$는 a와

mod 9에서 합동이다.

$$9x + y \equiv a(\text{mod } 9)$$

$9x+y$ 를 9로 나누면 나머지가 a임을 알 수 있다. 따라서 y는 $9k+a$이므로 a에 9, 18, 27, 36,… 등 9의 배수를 더한 수이다.

위의 마술에서 임의로 선택한 4자리 수를 4537이라고 하자. 9를 곱하면 40833이고, 나이 24살을 더하면 40857이다. 40857는 각 자리 수의 합 4+0+8+5+7=24→ 6과 mod 9에서 합동이다.

$$40857 \equiv 24 \,(\text{mod } 9)$$
$$\equiv 6 \,(\text{mod } 9)$$

따라서 나이는 6+9=15, 6+18, 6+27, 6+36, …일 것이다. 사람의 얼굴을 보면 9년 범위에서 나이를 짐작할 수 있으므로 적절한 수를 택하면 나이를 알아맞힐 수 있다.

나만의 마술

1. 마음대로 3자리 수를 선택하였을 때 마술을 만들어보자.

2. 일정한 수의 범위를 제한하여 수를 선택하게 하고, 그 수를 알아맞히는 마술을 만들어보자. 예를 들어, 50~59 사이에서 수를 선택하게 하고, 선택한 수를 알아맞힌다.

덧셈에서 지운 숫자 알아맞히기

 덧셈의 답에서 어느 한 숫자를 지우면 그 지운 숫자를 알아맞히는 마술입니다.

여러분은 계산기로 덧셈을 하여 답을 구할 것입니다. 답에서 어느 한 숫자를 지우면 그 숫자를 알아맞히겠습니다. 덧셈 문제를 칠판에 천천히 써 주세요. 자리 수는 상관없습니다.

3409

자릿수 근을 구한다. 7

3409+453

4+5+3=12 → 3, 7+3=10 → 1

3409+453+32579

3+2+5+7+9=26→ 8, 1+8=9→ 0

3409+453+32579+782612

7+8+2+6+1+2=26→ 8, 0+8=8,
자릿수 근은 8이다

계산기로 계산할 때 나는 뒤로 돌아서겠습니다.
답에서 어느 한 숫자를 지우고 나머지 수를 순서
없이 말해주세요.

(계산기로 계산하여 819053, 이 중
에서 어느 한 숫자를 지우고 나머지
수를 순서 없이 말한다)

0, 8, 1, 9, 3

마술사의 생각

음, 0, 8, 1, 9, 3을 모두 더하면 21이므로
자릿수 근은 3이다. 원래는 8이어야 하는데
3이 나왔으므로 5를 지웠군.

"지운 숫자는 5입니다."

마술사는 학생이 수를 쓸 때마다 재빨리 자릿수 근을 구해야 한다. 덧셈의 자릿수 근의 합과 학생에 말한 숫자의 자릿수 근을 비교하여 지운 숫자를 말할 수 있다. 위의 마술에서 덧셈의 자릿수 근의 합은 8이고, 학생이 말한 수의 자릿수 근은 3이다. 따라서 8-3=5이므로 5를 지웠음을 알 수 있다.

만약에 덧셈의 자릿수 근이 학생이 말한 자릿수 근보다 작을 경우에는 9를 더한 다음에 빼면 된다. 예를 들면, 덧셈의 자릿수 근이 1이고 학생이 말한 자릿수 근이 5라고 한다면 1-5를 계산하면 음수가 되므로 1에 9를 더하면 10이 되므로 10에서 5를 빼면 5가 된다. 즉, $1-5=-4 \equiv 5 \pmod 9$ 이므로 지운 수는 5임을 알 수 있다.

또, 덧셈의 자릿수 근과 학생이 말한 수의 자릿수 근이 서로 같다면 지운 숫자는 0 또는 9이다.

합동식의 성질

합동식의 성질을 이용하여 마술의 원리를 알아보자.

> $a \equiv b \pmod m$, $c \equiv d \pmod m$ (a, b, c, d, m는 정수)
>
> (1) $a \pm c \equiv b \pm d \pmod m$
>
> (2) $ac \equiv bd \pmod m$
>
> (3) $an \equiv bn \pmod m$ (n은 자연수)
>
> (4) $a^n \equiv b^n \pmod m$

합동식의 성질 (1)에 의하여

$3409 \equiv 7 \ (\text{mod } 9)$

$453 \equiv 3 \ (\text{mod } 9)$

$32579 \equiv 8 \ (\text{mod } 9)$

$782612 \equiv 8 \ (\text{mod } 9)$

좌변과 우변을 각각 더하면

$819053 \equiv 26 \equiv 8 \ (\text{mod } 9)$

$$
\begin{array}{r}
3409 \equiv 7 \ (\text{mod} 9) \\
453 \equiv 3 \ (\text{mod} 9) \\
32579 \equiv 8 \ (\text{mod} 9) \\
+)\ 782614 \equiv 1 \ (\text{mod} 9) \\
\hline
819055 \equiv 1 \ (\text{mod} 9)
\end{array}
$$

따라서 덧셈 결과의 자릿수 근은 각 수의 자릿수 근의 합과 같음을 알 수 있다. 위의 마술을 이 성질을 이용한 것이다.

만약에 학생이 나머지 수를 1, 9, 0, 5, 3이라고 하였다면 이 수들의 자릿수 근은 9이므로 8-9=-1≡8(mod9) 또는 17-9=8 즉, 지운 수는 8임을 알 수 있다.

또, 학생이 나머지 수를 8, 1, 5, 3, 0이라고 하였다면 이 수들의 자릿수 근은 8이다. 덧셈의 자릿수 근과 학생이 말한 수의 자릿수 근이 같다. 이럴 경우 지운 숫자는 0이거나 9이다. 왜냐하면 0과 9는 mod 9에서 합동인 수이기 때문이다.

나만의 마술

1. 덧셈과 뺄셈의 검산 방법으로 활용할 수 있는지 알아보자.

2. 합동식의 성질 4를 이용한 마술을 만들어보자.

곱셈에서 지운 숫자 알아맞히기

덧셈에서 지운 숫자를 알아맞히는 마술과 비슷한 마술입니다. 곱셈의 답에서 어느 한 숫자를 지우면 그 지운 숫자를 알아맞히는 마술입니다.

마술사가 암산하기 어려운 5자리×5자리 곱셈 문제를 써 주세요. 여러분은 계산기로 곱셈을 하여 답을 구할 것입니다. 답에서 어느 한 숫자를 지우면 그 숫자를 알아맞히겠습니다.

$$39409 \times 93524$$

잠깐 어떤 수인지 살펴보겠습니다. 물론 암산으로 계산하기 어렵지요. (재빨리 자릿수 근을 구한다. 7×5=35→ 8) 계산기로 계산하고, 어느 한 숫자를 지우고 남은 숫자를 순서 없이 말해주세요.

(39409×93524=3685687316)
8, 8, 6, 5, 6, 1, 7, 3, 6

8+8+6+5+6+1+7+3+6=50→ 5

마술사의 생각

39409의 자릿수 근은 7, 93524의 자릿수 근은 5이므로 이를 곱하면 35이므로 자릿수 근은 8이다. 그런데 학생이 말한 수들을 모두 합하여 자릿수 근을 구하면 5이다. 그렇다면 3을 지웠군.

"지운 숫자는 3입니다."

합동식의 성질(2)에 의하면

a≡b (mod m), c≡d (mod m) (a, b, c, d, m는 정수)일 때, ac≡bd (mod m)이다. 35와 59의 예를 들어보자. 35는 법 9에서 8과 합동이고, 59는 법 9에서 5와 합동이다. 따라서 35×59=2065는 8×5=40과 법 9에서 합동이다. 즉, 2065의 자릿수 근은 2+0+6+5=4이고, 40의 자릿수 근도 4+0=4이다.

위의 마술에서

39409≡7 (mod 9)

93524≡5 (mod 9)

변끼리 곱하면

39409×93524≡7×5 (mod 9)

≡8 (mod 9)

$$39409 \equiv 7 \ (mod\,9)$$
$$\times\, 93524 \equiv 5 \ (mod\,9)$$
$$\overline{3685687316 \equiv 35 \ (mod\,9)}$$
$$\equiv 8 \ (mod\,9)$$

좌변의 곱셈 결과 3685687316의 자릿수 근은 8이고, 이것은 우변의 합동식의 결과와 같다. 즉, 39409×93524을 계산하면 답의 자릿수 근은 8이어야 한다. 그런데 어느 한 수를 지우고 남은 숫자들의 자릿수 근은 5이므로 3을 지웠음을 알 수 있다.

위의 마술에서 큰 수를 이용한 것은 마술사가 암산으로 계산할 수 없음에도 불구하고 '어떻게 알아 맞혔을까?'하는 궁금증을 유발하기 위함이다. 그러나 간단한 수를 이용하면 마술의 원리를 쉽게 이해할 수 있을 것이다. 예를 들면, 34×85의 계산 결과에서 어느 한 숫자를 지운 나머지를 수를 9, 0, 2라고 하면, 지운 숫자는 8임을 알 수 있다. 즉, 34의 자릿수 근은 7, 85의 자릿수 근은 4이므로 곱셈 결과의 자릿수 근은 7×4=28 즉, 자릿수 근이 1이어야 한다. 그런데 9, 0, 2의 자릿수 근은 2이므로 8임을 알 수 있다. (1-2를 계산하면 음수가 나오므로 10-2로 계산하면 된다. 1과 10을 mod 9에서 합동수이다.)

이 마술에서 주의할 점은 두 자릿수 근이 같을 경우이다. 이런 경우는 답에서 0이나 9를 지웠을 경우인데 이때에는 마술사는 당황하지 않고 0이나 9를 지웠다고 대답하면 된다.

나만의 마술

1. 2자리 수×3자리 수를 이용한 곱셈 마술을 만들어보자.

2. 곱셈의 검산 방법으로 활용할 수 있는지 알아보자.

덧셈 문제 만들기

 여러분이 원하는 답이 나오도록 덧셈 문제를 만드는 마술입니다.

여러분이 원하는 답이 나오도록 덧셈 문제를 만들 수 있습니다. 물론 내가 만드는 것이 아닙니다. 어떤 답이 나오기를 원하는지 말해보세요.

45397

45397이 답이 되는 문제를 만들어 봅시다. (맨 앞자리 수인 4를 지우고 나머지 수에 4를 더한다. 5401을 칠판에 쓴다)

(4를 더했으므로 4명에게 수를 쓰게 하면 되겠군.)

누가 나와서 마음대로 네 자리 수를 써보세요.

9416

(아래에 583을 쓴다) 또 다른 사람이 나와서 마음대로 네 자리 수를 써주세요.

2114

(아래에 7885를 쓴다) 또 다른 사람이 나와서 마음대로 네 자리 수를 써주세요.

3061

(아래에 6938을 쓴다) 또 다른 사람이 나와서 마음대로 네 자리 수를 써주세요.

8264

(1735을 쓴다) 답이 얼마인지 계산해보세요.

45397

마술사의 생각

9416을 썼으니 나는 583을 써서 9999을 만들어야지. 2114를 썼으니 나는 7885를 써야겠군. 3061이면 6938, 8264이면 1735.

"짠! 처음에 썼던 답이 나왔습니다."

학생들이 마음대로 말하는 수들의 합을 미리 예상할 수 있을까? 마술가들은 이런 문제에 대하여 아주 기발한 아이디어를 이용하였다. 속임수라고 말할 수도 있지만 여전히 수학적인 수단을 활용하지 않고서는 해결할 수 없는 마술이다.

어느 한 사람에게 원하는 답이 얼마인지 묻는다. 수의 크기는 상관없다. 기대하는 답이 45397이라고 하자. 마술가는 맨 앞자리 수인 4를 지우고, 5397에 4를 더하여 칠판에 5401을 쓴다. 그리고 서로 다른 학생들에게 마음대로 네 자리 수 또는 네 자리 수 이하를 말하게 한다. 4를 더했으므로 4명에게 묻는다. 만약 맨 앞자리가 5라면 5명에게 수를 물어야 한다.

학생이 9416이라고 말하면 마술가는 그 밑에 각 자리 수끼리의 합이 9가 되도록 즉, 9의 보수인 583을 쓴다. 또 다른 학생이 2114를 말하면 마술가는 그 밑에 7885를 쓰고, 453을 말하면 마술가는 그 밑에 9546을 쓴다. 같은 방법으로 4명에게 마음대로 수를 말하게 한다. 4쌍의 수를 모두 쓴 다음에 계산기로 계산하여 답을 확인하게 한다.

이 마술은 다양하게 변형시킬 수 있다. 예를 들어, 학생에게 수를 쓰게 하고, 마술가가 그 밑에 9의 보수를 쓴다. 다른 학생이 수를 쓰면 마술가는 그 밑에 9의 보수를 쓴다. 이와 같은 방법으로 원하는 개수만큼 수를 쓰면 마술가는 즉각적으로 합이 얼마인지 알아맞힐 수 있다. 또, 9의 보수를 쓰고 있다는 것을 학생들이 눈치 채지 못하게 마술가가 쓰는 수를 조절할 수 있다. 예를 들어, 학생이 2345를 썼다면 마술가는 7644를 쓰고, 이를 고려하여 추측한 답에서 10을 더한다.

학생들이 9의 보수를 쓰고 있다는 것을 눈치 채지 못하게 하기 위하여 쓰는 순서를 바꿀 수 있다. 예를 들면 다음과 같다.

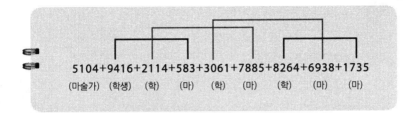

5104+9416+2114+583+3061+7885+8264+6938+1735
(마술가) (학생) (학) (마) (학) (마) (학) (마) (마)

또, 처음에 학생이 853을 말했다면 맨 앞자리가 8이므로 학생 8명이 수를 말해야 한다. 그렇게 되면 덧셈 문제가 길어져서 학생들의 흥미가 반감되고 분위기가 산만해지게 된다. 이럴 때에는 마술가가 3명으로 줄이고 싶다면 처음에 수를 쓸 때 53+8인 61을 쓰는 것이 아니라 53+3(3명이므로)인 56을 쓰고 다음과 같이 진행하면 된다.

56(마) + 34(학) + 65(마) + 7(학) + 92(마) + 30(학) + 569(마) = 853

마술가는 마지막에 569를 더함으로써 5명이 수를 말해야 할 것을 3명으로 줄일 수 있다.

나만의 마술

1. 9의 보수가 아닌 수를 써서 마술을 보일 수 있는지 알아보자. 예를 들어, 학생이 567을 쓰고 마술가는 232 또는 432를 썼다면 어떻게 알아맞힐 수 있는지 알아보자.

2. 곱셈에서 적용할 수 있는지 알아보자.

생각한 수 알아맞히기

 마음대로 생각한 두 자리 수를 알아맞히는 마술입니다. 물론 나이를 알아 맞히는 마술로 바꾸어도 좋습니다.

여러분이 어떤 수를 생각했는지 내가 여러분의 마음속으로 들어가서 알아보겠습니다. 여러분이 좋아하는 두 자리 수를 생각하세요. 그 수를 알아맞히겠습니다.

97을 선택한다.

그 수에 오늘 행운의 수 90을 더하세요.

97+90=187

답에서 백의 자리 숫자를 지우세요.

87

그 수에 1을 더하세요.

88

얼마인가요?

88

마술사의 생각

88이라고! 88에 9를 더하면 97. 음, 학생이
생각한 수는 97이다.

"학생이 생각한 수는 97입니다."

1) 등식의 성질

등식이란 $2+5=7$, $(a+b)=a^2+2ab+b^2$, $x-5=8$, $xy=9$ 등과 같이 숫자나 문자로 표현된 식을 등호(=)로 연결하여 나타낸 것을 말한다. 등식에는 항등식과 방정식이 있다. 항등식이란 미지수가 포함된 식으로서 항상 참인 등식을 말하고, 방정식이란 미지수의 값에 따라 참이거나 거짓이 되는 등식을 말한다. 예를 들어, $(a+b)^2=a^2+2ab+b^2$에서 a, b에 어떤 수를 대입하더라도 등식은 항상 참이 되므로 등식이다. 그러나, $x-5=8$은 x의 값에 따라 등식이 참이 되기도 하고 거짓이 되기도 하므로 이를 방정식이라고 한다.

등식에서 등호의 왼쪽에 있는 수나 식을 좌변, 오른쪽에 있는 것을 우변이라고 한다. 등식에는 다음과 같은 성질이 있으며, 이를 이용하여 미지수의 값을 구할 수 있다.

1) 등식의 양변에 같은 수나 식을 더하여도 등식은 성립한다.
2) 등식의 양변에 같은 수나 식을 빼도 등식은 성립한다.
3) 등식의 양변에 같은 수나 식을 곱하여도 등식은 성립한다.
4) 등식의 양변에 0이 아닌 같은 수나 식을 나누어도 등식은 성립한다.

방정식에서 참이 되는 미지수의 값을 구하는 것을 '방정식을 푼다'라고 하고, 위의 기본성질을 써서 방정식을 동치변형(同値變形)하여 방정식을 푼다. 예를 들면, $\frac{15}{x}=30$을 풀 때에는 등식의 성질 3)을 이용하여 $30=15x$으로 동치변형하고, 이를 다시 등식의 성질 4)를 이용하여 양변을 15로 나누어 미지수 x의 값 2를 구한다.

2) 러시아의 전통적인 곱셈 방법

러시아의 전통적인 곱셈 방법은 배와 반을 이용한 것이었는데 등식을 적절하게 활용하였다. 58×64를 어떻게 해결하였는지 알아보자.

$$58 \times 64 = 58 \div 2 \times 64 \times 2$$
$$= 29 \times 128$$
$$= 14 \times 256 + 128$$
$$= 7 \times 512 + 128$$
$$= 3 \times 1024 + 512 + 128$$
$$= 1 \times 2048 + 1024 + 512 + 128$$
$$= 3712$$

곱셈 구구를 만들지 못하였지만 곱셈을 덧셈으로 변형하여 해결하는 놀라운 지혜를 엿볼 수 있다. 위와 같은 방법으로 43×265를 각자 계산하여보자.

3) 역연산

역연산이란 계산을 한 결과를 계산을 하기 전의 수 또는 식으로 되돌아가게 하는 계산을 말한다. 예를 들어, 2에 3을 곱하여 6이 되었으므로 6을 3으로 나누면 원래의 수 2가 된다. 이를 역연산이라고 한다. 일반적으로 덧셈과 뺄셈, 곱셈과 나눗셈은 역연산 관계이다. 이를 이용하여 미지

수를 구할 수 있다. 즉, 어떤 수에 8을 더했더니 10이 되었다면 10에서 8을 빼면 어떤 수가 나온다는 역연산을 이용하여 어떤 수 2를 구할 수 있다. 방정식을 푸는 것도 역연산을 이용한 것이다.

4) Math Magic의 원리

수를 이용한 마술은 대부분 등식의 성질과 역연산을 활용한 것이다. 이마술에서 임의의 두 자리 수 를 선택하였다고 하자. 마술의 절차에 따라계산을 하면 다음과 같다.

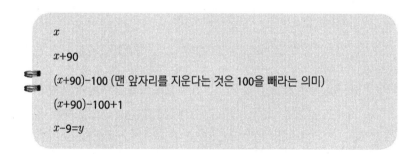

x

$x+90$

$(x+90)-100$ (맨 앞자리를 지운다는 것은 100을 빼라는 의미)

$(x+90)-100+1$

$x-9=y$

학생이 계산한 결과 y를 말하면 마술사는 x의 값을 구하여 알아맞히면 된다. 90을 더하고 100을 빼고 1을 더한 것은 결국 원래의 수에서 9를 뺀 것이므로 역연산을 이용하여 9를 더하면 원래의 수가 나온다.

가장 기초적인 마술은 한 자리 수를 생각하게 하고, 그 수에 5를 더한 다음 결과를 말하게 하면, 마술사는 결과에서 5를 빼면 생각한 수를 알아맞히는 것이다. 가장 기초적인 마술이지만 역연산을 이해하지 못하는 어린이들에게는 마냥 신기할 뿐이다. 또, 어떤 수를 생각하게 하고, 그 수에

8을 곱한 후, 5를 더하게 한 결과가 얼마인지 물어본다. 답에서 5를 **빼고** 8로 나누면 처음에 생각한 수를 알아맞힐 수 있다.

계산 과정을 학생들이 이해하기 어렵게 만들면 재미있는 마술을 만들 수 있다. 이 마술에서도 맨 앞자리를 지우라는 것은 100을 **뺀**다는 것을 이해하지 못하면 원리를 이해하기 어렵다.

나만의 마술

1. 학생이 계산한 결과 y에 9를 더하여 원래의 수를 구하였다. 9 이외이 수를 더하여 원래의 수를 구하는 마술을 만들어 보시오.

2. 3자리 수를 선택하게 하였을 때의 마술을 만들어 보시오.

지운 숫자 알아맞히기 2

 지운 수를 알아맞히는 마술은 여러 가지입니다. 다른 방법으로 지운 수를 알아맞히는 마술입니다.

여러분이 어떤 수를 지웠는지 알아맞힐 수 있습니다. 내가 알아맞히기 힘들 것으로 생각되는 수를 생각하세요. 물론 매우 큰 수도 가능하지만 계산하기 어려우니까 4~5자리 수가 적절할 것입니다.

3409

그 수를 10배하세요.

34090

이 수에서 원래의 수를 빼세요.

34090−3409=30681

234를 더하세요.

36081+234=30915

62

그 중에서 어느 한 숫자를 지우고 나머지 수를 순서
없이 말해주세요. 그 수를 알아맞히겠습니다.

1, 5, 9, 0

마술사의 생각

1, 5, 9, 0이라...... 1+5+9+0→ 15→ 1+5=6,
자릿수 근이 6이니까 9에서 3을 빼면 3. 3을
지웠군.

"지운 숫자는 3입니다."

1) 자릿수 근 9 만들기

자릿수 근 9를 이용하면 재미있는 마술을 만들 수 있는데 자릿수 근 9를 만드는 과정이 곧 마술의 시작이다. 자릿수 근 9를 만드는 방법은 다음과 같다.

(1) 임의의 수를 선택하고 그 수를 9배한다.

(2) 임의의 수를 선택하고, 그 수를 10배 한다. 10배한 수에서 원래의 수를 뺀다.

> 임의의 수를 abc라고 하면
> $10(100a+10b+c)-(100a+10b+c)$
> $= 1000a+100b+10c-100a-10b-c$
> $= 900a+90b+9c$
> $= 9(100a+10b+c)$

(3) 임의의 수를 선택하고, 그 수를 반대로 쓴다. 두 수 중 큰 수에서 작은 수를 뺀다.

> 임의의 수를 abcd라고 하면 반대로 쓴 수는 dcba
> $1000a+100b+10c+d-(1000d+100c+10b+a)$
> $= 999a+90b-90c-999d$
> $= 9(111a+10b-10c-111d)$

(4) 임의의 수를 선택하고, 그 수를 마음대로 섞어 둘째 수를 만든다. 두 수 중 큰 수에서 작은 수를 뺀다.

임의의 수를 abcd라고 하면 임의대로 섞어 쓴 수는 cbda이다.

$1000a+100b+10c+d-(1000c+100b+10d+a)$

$= 999a-990c-9d$

$= 9(111a-110c-d)$

(5) 임의의 수를 선택하고, 각 자리 수의 합을 구한다. 원래의 수에서 각
자리 수의 합을 뺀다.

임의의 수를 abcd라고 하면 각 자리수의 합은 a+b+c+d이다.

$1000a+100b+10c+d-(a+b+c+d)$

$= 999a+99b+9c$

$= 9(111a+11b+c)$

(6) 임의의 수를 선택하고, 그 수를 뒤섞어 둘째 수와 셋째 수를 만든다.
세 수를 더한 다음에 제곱을 한다.

임의의 수를 abcd, 이 수를 임의대로 섞어 만든 수를 badc,
dbac라고 하자

$(1000a+100b+10c+d)+(1000b+100a+10d+c)+(1000d+100b+10a+c)$

$= 1110a+1200b+12c+1011d$

$= (123\times9+3)a+(133\times9+3)b+(9+3)c+(112\times9+3)d$

$\equiv 3(a+b+c+d) \pmod 9$ (계산을 간단하게 하기 위하여 합동식 이용)

이를 제곱하면 $9(a+b+c+d)^2 \pmod 9$이므로 9의 배수이다. 따라
서 자릿수 근은 9이다.

(7) 임의의 수를 선택하고, 각 자리 수의 합을 구한다. 그 수에 8을 곱하고 원래의 수를 더한다.

> 임의의 수를 abc라고 하면 각 자리 수의 합은 a+b+c이다.
>
> 100a+10b+c+8(a+b+c)
>
> = 108a+18b+9c
>
> = 9(21a+2b+c)

(8) 임의의 수를 선택하고, 그 수들을 이용하여 가장 큰 수와 가장 작은 수를 만들고, 큰 수에서 작은 수를 뺀다.

> 임의의 수를 abcd(a>b)c>d)라고 하면
>
> 가장 큰 수: 1000a+100b+10c+d
>
> 가장 작은 수: 1000d+100c+10b+a
>
> 뺄셈을 하면
>
> 1000a+100b+10c+d−(1000d+100c+10b+a)
>
> =999a+90b−90c−999d
>
> =9(111a+10b−10c−111d)

2) math magic의 원리

어떤 수를 10배한 수에서 원래의 수를 **빼면** 9의 배수가 된다. 9의 배수는 각 자리 수의 합도 9의 배수이다. 여기에 9의 배수인 234를 더한 결과도 9의 배수가 되는 것을 이용한 마술이다. 어떤 수를 *abcd*라고 하자.

$$1000a+100b+10c+d, \ 10000a+1000b+100c+10d$$
$$(10000a+1000b+100c+10d)-(1000a+100b+10c+d)$$
$$=9000a+900b+90c+9d$$
$$=9(1000a+100b+10c+d)$$

마지막 결과에서 어느 한 숫자를 지우고 나머지 숫자들의 합(한 자리 수가 될 때까지 더한다)이 9가 되어야 하므로 지운 숫자를 알 수 있다. 위의 마술에서 1, 5, 9라고 말하였으므로 수의 합은 $1+5+9=15 \rightarrow 1+5=6$이므로 9에서 6을 **빼면** 지운 숫자는 3이다.

나만의 마술

1. 자릿수 9를 만드는 방법을 이용하여 수학마술을 만들어보시오.

2. 자릿수 근 9를 만드는 다른 방법을 알아보시오.

3. 위의 마술 마지막 절차에서 234를 더하지 않고 235나 92를 더하게 하였다면 지운 수를 어떻게 알아맞힐 수 있는지 알아보시오.

카드 숫자 알아맞히기

 1~9까지 숫자카드가 있는데 그 중에서 여러분이 꺼낸 카드가 어떤 숫자인지 알아맞히는 마술입니다.

(1~9까지 수 카드를 준비한다) 자, 여기에 1부터 9까지 수 카드가 있습니다. 여러분이 마음대로 3장을 꺼내면 그 수 카드를 알아맞히겠습니다. 물론 마술사는 수 카드를 볼 수 없지요.

4, 9, 2

꺼낸 수 카드로 3자리 수를 만드세요.

942

그 수에 9를 곱하세요. 물론 계산기를 사용해도 좋습니다.

942×9=8478

나머지 수 카드에서 1장을 꺼내세요.

5를 꺼낸다

그 수 카드를 2번 사용하여 두 자리 수를 만드세요. 예를 들어, 3을 꺼냈다면 33입니다.

곱셈의 결과에 두 자리 수를 더하세요.

8478+55=8533

얼마입니까?

8533입니다.

마술사의 생각

8533의 자릿수 근은 1이다. 9단 곱셈구구에서
1을 더하면 같은 숫자의 두 자리 수가 되는
경우는 55이다. 그렇다면 마지막에 뽑은
카드의 숫자는 5이군. 8533에서 55를 빼면
8478, 이것을 9로 나누면 942. 그렇다면
처음에 뽑은 카드 숫자는 9, 4, 2이지

"학생이 처음에 꺼낸 수 카드는 9, 4, 2이고,
나중에 꺼낸 수 카드는 5입니다."

이 마술 역시 마법의 수 9를 이용한 것이다. 즉, 임의의 세 자리 수에 9를 곱하게 하였으므로 그 결과는 9의 배수가 되므로 자릿수 근은 9이다.

1부터 9까지의 수 카드에서 3장을 꺼내어 만든 3자리 수는 $100a+10b+c$이고, 이 수에 9를 곱하면 $9(100a+10b+c)$이므로 9의 배수 즉, 자릿수 근은 9이다.

또 한 장의 카드 d를 꺼내어 각 자리 숫자가 같은 두 자리 수를 만들어 더하면 $9(100a+10b+c)+(10d+d)$이다. 그런데 이 수의 자릿수 근은 9가 아니다.

마지막의 계산 결과 $9(100a+10b+c)+(10d+d)$의 자릿수 근이 k라고 하면 k를 이용하여 $10d+d$를 구할 수 있다.

$$9(110a + 10b + c) + (10d + d)$$

자릿수 근 9 + 자릿수 근 m = 자릿수 근 k

k에 9를 계속 더하여 같은 숫자의 두 자리 수 $10d+d$를 구한다. $10d+d$를 구하였으면 $9(100a+10b+c)+(10d+d)$에서 $10d+d$를 **빼고** 9로 나누면 $100a+10b+c$ 즉, 카드 3장의 수를 구할 수 있다.

위의 마술에서 마지막으로 말한 수가 8533이므로 자릿수 근은 1이다. 같은 숫자의 두 자리 수가 나올 때까지 1에 9를 계속 더한다. 또는 9단의 곱셈구구에서 1을 더하면 같은 수의 두 자리 수가 되는 수($9×6+1=55$)를 찾아도 된다.

1+9=10 10+9=19   19+9=28   28+9=37   37+9=46   46+9=55

따라서 마지막에 뽑은 카드의 숫자는 5임을 알 수 있다.

또, 8533-55=8478이고, 이를 9로 나누면 942이므로 처음에 뽑은 카드는 9, 4, 2임을 알 수 있다.

 8533-55=8478   8478÷9=942

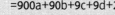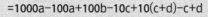

900a+90b+9c+10d+d

=900a+90b+9c+9d+2d

=1000a−100a+100b−10c+10(c+d)−c+d

=1000a+100b+10(c+d)+(d−c)−(100a+10c)

나만의 마술

1. 숫자카드를 이용하여 한 자리 또는 두 자리 수를 이용한 마술을 만들어 보시오.

2. 주사위 2개를 던졌을 때 주사위의 눈을 알아맞히는 마술을 만들어보시오.

답을 미리 예상하기 1

 어떤 계산을 하더라도 답을 미리 알아맞히는 마술입니다.

여러분이 계산한 결과를 미리 말하겠습니다. 여기에 답을 미리 써 놓았습니다. (종이에 4를 써서 감추어둔다) 여러분이 가장 좋아하는 숫자를 생각하세요.

45

그 수를 2배하세요.

90

그 수에 8을 더하세요.

98

그 수를 2로 나누세요.

49

처음에 생각했던 수를 빼세요.

4

마술사의 생각

답은 항상 4가 된다.
종이에 4를 써서 감추어야지.

(미리 써 놓은 답을 보여준다)
"4"

이 마술은 계산 결과를 미리 예상하는 간단한 것이다. 어떤 수를 생각하고, 간단한 계산 절차를 거친 후, 원래의 수를 빼면 계산 과정의 결과만 남게 된다. 따라서 생각한 수와 상관없이 계산 결과는 항상 일정하다.

위의 마술에서 생각한 수를 x라고 하면 이 수를 2배하면 $2x$, 8을 더하면 $2x+8$, 이 수를 2로 나누면 $x+4$, 처음에 생각한 수를 빼면 4가 된다. 처음에 생각한 수를 뺐기 때문에 처음에 생각했던 수와 상관없이 계산 결과는 $8 \div 2$인 4이다. 이 수를 미리 종이에 써 놓은 것이다.

처음에 생각한 수를 x라고 하면

$2x$

$2x+8$

$(2x+8) \div 2$

$x+4$

$x+4-x=4$

더하기 8대신에 10을 더하게 한다면 결과는 5일 것이고, 20을 더하게 한다면 결과는 10일 것이다. 또, 생각한 수에 2를 곱하는 대신에 3을 곱하게 한다면 다른 결과를 낳을 수 있다.

이 마술을 저학년에 적용할 때에는 위의 마술과 같이 계산 절차가 간단하게 하여도 학생들의 호기심을 자극할 수 있지만 고학년인 경우에는 그 원리를 들키기 쉽기 때문에 절차를 복잡하게 만드는 것이 중요하다. 다음의 예를 보자.

1. 좋아하는 두 자리 수를 생각하세요. x

2. 10를 곱하세요. $10x+8$

3. 20을 더하세요. $10x+20$

4. 2를 곱하세요 $20x+40$

5. 5로 나누세요. $4x+8$

6. 4로 나누세요. $x+2$

7. 처음 선택한 수를 빼세요. $x+2-x=2$

답은 항상 2

  곱하기 10, 곱하기 2한 것을 5로 나누고 4로 나누었으므로 결국 원래 상태로 된 것이다. 즉, 역연산을 이용한 것이다. 약수가 많은 수를 선택하면 역연산의 방법이 다양하여 재미있는 마술을 만들 수 있다. 예를 들면, 36은 약수가 많은 수이므로 처음 선택한 수에 4를 곱하고 9을 곱하게 한 다음에 2로 나누고 3으로 나누고, 6으로 나누게 하면 절차가 복잡해지고 학생들의 호기심을 유발하기에 적절하다.

나만의 마술

1. 선택한 수에 두 자리 수를 곱하게 하였을 때 마술을 만들어 보시오.

2. 예상한 답이 7, 10, 50이 되는 마술을 만들어 보시오.

답을 미리 예상하기 2

어떤 수를 선택하여 계산하더라도 답이 얼마인지 미리 알아맞힐 수 있는 마술입니다.

여러분이 계산한 결과를 미리 예상하겠습니다. 여기에 답을 써 놓았습니다(종이에 9를 써서 접어 감추어 놓는다). 3보다 큰 소수를 선택하세요.

23

그 수를 제곱하세요.

23 × 23 = 529

32를 더하세요.

529 + 32 = 561

12로 나누고 나머지가 얼마인지 알아보세요.

561÷12=46…9

나머지가 얼마인지 종이에 미리 써 놓았습니다.

2, 3, 5, 7, 11, 13 ...과 같이 1과 자신의 수로만 나누어 떨어지는 수를 소수라고 합니다.

같은 수를 2번 곱하는 것을 제곱이라고 합니다.

마술사의 생각

나머지는 항상 9일 수밖에 없지.

(종이를 펼쳐보여 준다)
"9"

이 마술도 math magic 3-9와 같은 맥락의 역연산을 이용한 마술인데 나머지가 항상 일정하다는 것을 이용한 것이다. 즉, 어떤 수에 1을 더한 다음에 그 수를 제곱하면 $(n+1)^2$이고 이를 전개하면 n^2+2n+1이다. 이 수를 2로 나누면 나머지는 항상 1이다.

3보다 큰 소수는 6n+1 또는 6n-1로 나타낼 수 있다. 이를 제곱하면 다음과 같다.

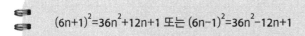

$$(6n+1)^2=36n^2+12n+1 \text{ 또는 } (6n-1)^2=36n^2-12n+1$$

이 수를 12로 나누면 나머지는 항상 1이다. 3보다 큰 소수를 생각하게 하고, 제곱한 다음에 12로 나누게 하는 마술은 절차가 간단하고 단순하여 호기심을 자극하기 어려울 것이다. 여기에 어떤 수를 더하게 하거나 빼게 하면 재미를 더할 수 있다. 그런데 12로 나누어야 하므로 더하거나 뺀 수를 12로 나누면 나머지가 얼마인지를 미리 알고 있어야 한다. 12로 나누었을 때 나머지가 8인 수를 더하였다면 예상한 답은 9가 된다. 12로 나누었을 때 나머지가 8이 되는 수는 20, 32, 44, 56,…이다. 또, 나머지가 5인 수를 더하였다면 예상한 답은 6이다. 12로 나누었을 대 나머지가 5인 수는 17, 29, 41,…이다. 또, 50을 더하게 하였다면 50÷12=4…2이므로 계산 결과는 3이다.

어떤 수를 빼게 하였을 때에는 주의를 기울여야 한다. 즉, 나머지는 항상 0보다 커야 한다는 사실에 유의해야 한다. 예를 들면, 20은 12로 나누면 나머지가 8인 수이다. 12의 배수인 120에 20을 더한 다음에 12로 나누면 몫은 11이고 나머지는 8이지만 120에서 20을 뺀 다음에 12로 나누면 몫은 8이고 나머지는 4이다.

위의 마술에서 제곱한 수에서 20을 더한 다음에 12로 나누면 나머지는 9가 되지만 20을 뺀 다음에 12로 나누면 나머지는 9가 아니라 5가 된다. 이를 식으로 나타내면 다음과 같다.

$$12n + 1 + 12m + 8 = 12(n+m) + 9$$

나머지가 1인 수　나머지가 8인 수　나머지가 9인 수

$$12n + 1 - (12m + 8) = 12(n-m)-7$$
$$= 11(n-m-1) + 12 - 7$$
$$= 11(n-m-1) + 15$$

나머지가 1인 수　나머지가 8인 수　나머지가 5인 수

나만의 마술

1. $(n-2)^2 = n-4n+4$를 이용한 마술을 만드시오.
2. $(n+1)(n-1) = n^2-1$을 이용한 마술을 만드시오.

마법의 1089

 답은 항상 1089가 되는 마술입니다.

여러분의 계산한 답을 미리 알아맞히겠습니다. 여기에 미리 답을 써 놓겠습니다.(종이에 1089를 써서 감추어 놓는다) 여러분 마음대로 세 자리 수를 생각하세요.

289

그 수를 반대로 써보세요. 예를 들면, 123이면 321입니다.

982

큰 수에서 작은 수를 빼세요.

982-289=693

일의 자리 숫자를 말해주세요.

3입니다.

그렇다면 답은 693입니다.

맞습니다.

이번에도 답의 숫자를 반대로 써주세요.

396

두 수를 더하세요. 얼마인지 답을 미리 써 놓았습니다.

마술사의 생각

일의 자리 숫자가 3이면 백의 자리 숫자는 9에서 3을 빼면 돼. 그럼 백의 자리 숫자는 6이지. 그리고 마지막의 답은 항상 1089. 마법의 수이지.

"1089"

가능하면 서로 다른 숫자로 이루어진 수를 선택하는 것이 좋다.

임의의 세 자리 수와 그 수를 반대로 쓴 수를 만든 다음, 큰 수에서 작은 수를 빼면 십의 자리 수는 항상 같은데 일의 자리를 계산할 때 받아내림을 해야 하므로 답에서 십의 자리 수는 항상 9이다. 이를 식으로 나타내면 다음과 같다.

임의의 세 자리 수: $100a+10b+c$, 이를 반대로 쓰면 $100c+100b+a$

$$(100a+10b+c)-(100c+10b+a)\ (a{>}c)$$
$$=100(a-c)+(c-a)$$
$$=\underline{100(a-c-1)} + \underline{90} + \underline{10+c-a}$$
$$\quad\ \ \text{백의 자리}\qquad \text{십의자리}\quad \text{일의자리}$$

십의 자리 숫자는 항상 9이고, 백의 자리 수와 일의 자리 수를 합하면 9가 된다.

$$(a-c-1)+10+c-a=9$$

이를 이용하여 일의 자리나 백의 자리 수를 알면 답이 얼마인지 알 수 있다. 일의 자리 수가 3이라고 하였으므로 백의 자리 수는 6이다. 따라서 계산 결과는 693이다. 마술의 중간에 작은 마술을 한 번 더 시연한 셈이다.

뺄셈의 결과를 다시 반대로 쓰면 $100(10+c-a)+90+(a-c-1)$이다. 두 수를 합하면 다음과 같다

100(a-c-1)+90+10+c-a +100(10+c-a)+90+(a-c-1)

=100a-100c-100+90+10+c-a+1000+100c-100a+90+a-c-1

=1000+89

=1089

두 수의 뺄셈 결과와 그 수를 반대로 쓴 수를 만든 다음, 두 수를 더하면 결과는 항상 1089이다. 따라서 답을 미리 예상할 수 있다.

이 마술에서 유의할 점은 두 가지이다. 첫째, 거꾸로 썼을 때 처음 수와 같은 경우는 피해야 한다. 예를 들어, 555처럼 세 수가 모두 같거나 434처럼 거꾸로 쓰면 같은 수가 되므로 뺄셈을 하면 0이 된다. 둘째, 백의 자리와 십의 자리 숫자가 같을 경우, 뺄셈을 하면 99가 되므로 이를 다시 거꾸로 쓸 때에는 990으로 써야 한다. 예를 들어, 처음에 233을 선택하였다면 이를 거꾸로 쓰면 332이다. 큰 수에서 작은 수를 빼면 99이고, 이를 다시 거꾸로 쓸 때에는 99가 아니라 990으로 해야 한다. 따라서 99+990=1089가 된다.

나만의 마술

1. 처음에 선택한 수가 네 자리 수이거나 다섯 자리 수일 때 계산 결과가 얼마인지 알아보고, 마술을 만드시오.
2. 계산기로 자연수와 1089의 곱을 알아보고 규칙을 찾아보고 그 규칙을 이용한 마술을 만들어 보시오.

신비의 수 33

 어떤 수를 생각하여 계산하더라도 신비로운 수 33을 만들어내는 마술입니다.

3은 우리 조상들이 매우 즐겨 사용한 수이고, 신비스럽게 생각하던 수입니다. 지금도 3은 일상생활에서 널리 사용되고 있습니다. 이런 신비로운 수를 여러분들이 만들어 낼 수 있습니다.

서로 다른 한 자리 수 3개를 종이에 써 보세요.

3, 4, 7

이 수들을 이용하여 두 자리 수를 만들어 모두 써보세요. 같은 수가 반복되어도 됩니다.

33, 34, 37, 43, 44, 47, 73, 74, 77

그 수들을 모두 더해보세요(계산기 사용)

33+34+37+43+44+47
+73+74+77=462

처음에 선택한 수들의 합을 구하세요.

$3+4+7=14$

두 자리 수들의 합을 처음에 선택한 수들의 합으로 나누세요.

마술사의 생각

3, 4, 7로 만들 수 있는 두 자리 수는 모두 9개인데 빠짐없이 만들었겠지.
계산이 복잡하니 계산기를 사용하게 해야지.

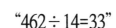
"462÷14=33"

임의의 수를 선택하여 적절한 연산을 하면 계산 결과가 같아지는 마술이다. 임의로 선택한 수를 a, b, c라고 하면 이들의 합은 a+b+c이고, 이 세 수를 이용하여 만든 두 자리 수와 그들의 합은 다음과 같다.

10a+a, 10a+b, 10a+c

10b+a, 10b+b, 10b+c

10c+a, 10c+b, 10c+c

합=30a+30b+30c+3a+3b+3c

  =33(a+b+c)

두 수들의 합 33(a+b+c)을 처음에 선택한 세 수의 합 a+b+c로 나누면 몫은 33이다. 따라서 어떤 세 수를 선택하더라도 계산 결과는 항상 33이다.

이번에는 처음에 수를 2개 선택하는 경우를 알아보자. 임의로 선택한 수를 a, b라고 하면 이들의 합은 a+b이다. 두 수를 이용하여 만들 수 있는 두 자리 수와 그들의 합은 다음과 같다.

10a+a, 10a+b

10b+b, 10b+a

합=20a+20b+2a+2b

  =22(a+b)

두 자리 수들의 합 22(a+b)를 (a+b)로 나누면 몫을 22가 된다. 이번에는 22가 신비의 수가 되었다.

나만의 마술

1. 계산 결과가 44 또는 55가 나오는 마술을 만들어 보시오.

2. 3개의 수를 선택할 때 모두 홀수를 선택하였을 때 결과를 예상하고 확인해보시오.

3. 3개의 수를 선택할 때 연속된 수를 선택하였을 때 결과를 예상하고 확인해보시오. 예) (1, 2, 3), (2, 3, 4), (3, 4, 5) 등.

4. 2의 과정에서 두 자리 수를 만들 때 33, 44, 77과 같이 반복된 수는 제외하고 위의 과정을 시도해 보고 어떤 결과가 나오는지 비교해보시오.

당신의 전화번호를 알고 있다

 전화번호나 생년월일 등 여러 자리 수를 알아맞히는 마술입니다.

여러분의 전화번호를 알아낼 수 있습니다. 종이에 010을 제외하고 전화번호 8자리를 써서 감추세요.

8914-2697

첫째 수와 둘째 수의 합, 둘째 수와 셋째 수의 합, 셋째 수와 넷째 수의 합, …, 일곱째 수와 여덟째 수의 합을 구하세요.

8+9=17, 9+1=10, 1+4=5, 4+2=6,
2+6=8, 6+9=15, 9+7=16

합을 차례대로 말해주세요.

17, 10, 5, 6, 8, 15, 16

(칠판에 수를 쓰고)음, 이것으로 안 되겠군. 둘째 수와 마지막 수의 합을 말해주세요.

9+7=16

마술사의 생각

17, 10, 5, 6, 8, 15, 16, 16에서
10+6+15+16=47이고 5+8+16=18이므로 47−
29=18, 이 수를 2로 나누면 9, 음, 그렇다면
전화번호 둘째 수는 9이다. 첫째 수+둘째
수=17이니까 첫째 수는 17−9=8이지. 또, 둘째
수+셋째 수=10이니까 셋째 수는 10−9=1이다.
셋째 수를 알았으니 셋째 수와 넷째 수의 합이
5이므로 넷째 수는 4이군.

두 수의 합   17 10 5 6 8 15 16 16

47−29=18→18÷2=9

전화 번호   8←9→1→4→2→6→9→7

같은 방법을 나머지 수들을 구하면
2, 6, 9, 7이다.

"당신의 번호는 8914-2697입니다."

임의의 8자리 수를 알아맞히는 마술인 만큼 절차가 약간 복잡하다. 임의의 수를 abcdefgh라고 한다면 첫째 수와 둘째 수, 둘째 수와 셋째 수, … 등 차례로 합을 말해주면 이를 이용하여 임의의 수를 알아맞힐 수 있다.

1) a+b=17, b+c=10, c+d=5, d+e=6,
   e+f=8, f+g=15, g+h=16
2) b+h=16

8개 수를 알아맞혀야 하므로 미지수가 8개인 방정식의 풀이와 같다. 따라서 식은 8개가 필요하다.

1)에서 $(b+c)+(d+e)+(f+g)-\{(c+d)+(e+f)+(g+h)\}=b-h$이다. 여기에 2)의 b+h를 더하면 2b이므로 b를 구할 수 있다.

$(b+c)+(d+d)+(f+g)+(b+h)-\{(c+d)+(e+f)+(g+h)\}$
$=2b$

따라서 (b+c), (d+e), (f+g), (b+h)의 합은 10+6+15+16=47이고, (c+d), (e+f), (g+h)의 합은 5+8+16=29이므로 2b=18, b=9이다.

b=9이므로 a=8, c=1, d=4, e=2, f=6, g=9, h=7이다.

전화번호 8자리를 알아맞히는 마술이 절차가 길고 복잡하므로 이를 4자리씩 나누어 처음에는 앞 4자리, 다음에는 뒤 4자리를 알아맞히는 마술로 바꾸어도 좋다. 즉, 전화번호 앞의 4자리를 9435고 하면,

1) 첫째 수와 둘째 수의 합, 둘째 수와 셋째 수의 합, 셋째 수와 넷째 수
의 합을 구하세요(13, 7, 8)

2) 넷째 수를 말하기(5)

13, 7, 8에서 13+8-7을 계산하면 14인데 14는 첫째 수와 넷째 수의 합
이다. 넷째 수가 5이므로 첫째 수는 9임을 알 수 있다. 첫째 수가 9이므로
둘째 수는 4, 셋째 수는 3이다.

이 마술은 자릿수가 많고 답을 구하는 계산 절차가 복잡하므로 사전에
연습을 충분히 하여 빠르지 않더라도 막힘없이 답을 구할 수 있어야 한
다.

나만의 마술

1. $a+b$, $b+c$, $c+a$의 합은 $2(a+b+c)$임을 이용하여 세 수를 알아맞히는
   마술을 만들어 보시오.
2. 5개의 수를 알아맞히는 마술을 만들어 보시오.

너의 마음을 읽을 수 있다

 생각하고 있는 수를 알아맞히는 마술입니다. 계산이 필요 없으니 더욱 신기한 마술입니다.

여러분이 어떤 수를 생각하고 있는지 여러분의 마음속에 들어가서 알아보겠습니다. 여러분이 1~31 중에 어느 한 수를 선택하세요. 그 수를 알아맞히겠습니다.

23

(카드 A를 보여주면서) 생각한 수가 이 카드에 있습니까?

1	3	5	7
9	11	13	15
17	19	21	23
25	27	29	31

카드 A

2	3	6	7
10	11	14	15
18	19	22	23
26	27	30	31

카드 B

4	5	6	7
12	13	14	15
20	21	22	23
28	29	30	31

카드 C

8	9	10	11
12	13	14	15
24	25	26	27
28	29	30	31

카드 D

16	17	18	19
20	21	22	23
24	25	26	27
28	29	30	31

카드 E

예

(카드 B를 보여주면서) 이 카드에 있습니까?

예

(카드 C를 보여주면서) 이 카드에 있습니까?

예

(카드 D를 보여주면서) 이 카드에 있습니까?

아니오

(카드 E를 보여주면서) 이 카드에 있습니까?

예

마술사의 생각

생각한 수가 A, B, C, E에 있다고? 음,
각 카드의 첫째 수를 모두 더하면 되지.
1+2+4+16=23

"생각한 수는 23입니다."

생각한 수가 수 카드에 있다, 없다만 말하면 생각한 수를 알아맞힐 수 있는 마술은 신기할 뿐이다. 예를 들어, 생각한 수가 23이라면 23이 있는 수 카드는 A, B, C, E이다. 또, 13을 생각했다면 13이 있는 수 카드는 A, C, D이다. 어떻게 알았는지 추론해보자.

생각한 수	수 카드	생각한 수	수 카드	생각한 수	수 카드
1	A	2	B	3	A,B
4	C	5	A,C	6	B,C
7	A,B,C	8	D	9	A,D
10	B,D	19	A,B,E	28	C,D,E

A카드에만 있고 다른 카드에는 없다면 생각한 수는 1이고, B카드에만 있고 다른 카드에는 없다면 생각한 수는 2이다. 또, A카드와 B카드에만 있다면 생각한 수는 3이다.

생각한 수가 A, C카드에 있다고 말하면 그 수는 5임을 어떻게 쉽게 알아냈을까? A카드의 첫째 수는 1이고, C카드의 첫째 수는 4이다. 두 수를 합하면 5이다. 또, 생각한 수가 A, B, E에 있다면 각 카드의 첫째 수를 합하면 1+2+16=19, 생각한 수는 19이다.

이 마술의 비밀은 수 카드에 있음을 알 수 있다. 수를 어떻게 배치하였을까?

우리가 사용하고 있는 수 체계는 10진법이다. 10이 되면 묶어서 묶음으로 나타낸다. 즉, 54는 10묶음 5묶음과 낱개 4임을 나타낸다. 10이 되면 묶는 것이 10진법이라면 2가 되면 묶는다면 그것은 2진법일 것이다. 막대 5개를 2진법으로 묶는다면 2개씩 묶으면 2묶음과 낱개 1개인데 2

개씩 2묶음을 다시 묶으면 2^2짜리 1묶음이 된다. 이를 2진법으로 나타내면 일의 자리는 1, 2의 자리는 0, 2^2의 자리는 1이므로 101이다.

$$5=2^2 \times 1 + 2^1 \times 0 + 1$$

10진법의 수를 2진법의 전개식으로 나타내면 다음과 같다

$$8=2^3 \times 1 + 2^2 \times 0 + 2^1 \times 0 + 0$$
$$=100_{(2)}$$
$$15=2^3 \times 1 + 2^2 \times 1 + 2^1 \times 1 + 1$$
$$=1111_{(2)}$$

2진법과 10진법의 수를 비교하면 〈표 1-1〉과 같다.

10진수	막대	2진수	1(있다),0(없다)
1			1	있다
2		10	있다, 없다
3		11	있다, 있다
4		100	있다, 없다, 없다
5		101	있다, 없다, 있다
6		110	있다, 있다, 없다
7		111	있다, 있다, 있다
8		1000	있다, 없다, 없다, 없다
9		1001	있다, 없다, 없다, 있다
10		1010	있다, 없다, 있다, 없다

〈표 1-1〉 10진수와 2진수 비교

5를 어느 카드에 배치해야 하는지 알아보자. 5를 2진법으로 나타내면 101이므로 '있다, 없다, 있다'이다. 이를 오른쪽에서 왼쪽으로 읽으면 A 카드에 있고, B카드에 없고, C카드에 있다. 따라서 5를 A카드와 C카드에 배치하면 된다. 또, 10을 2진법으로 나타내면 1010이므로 '있다, 없다, 있다, 없다'이다. 오른쪽부터 읽으면 A카드 없다, B카드에 있다, C카드에 없다, D카드에 있다. 따라서 10을 B카드와 D카드에 배치하면 된다.

15를 2진법으로 나타내면 $1111_{(2)}$이므로 A카드, B카드, C카드, D카드에 15를 배치하면 되고, 30을 2진법으로 나타내면 $1110_{(2)}$이므로 B카드, C카드, D카드에 배치하면 된다.

저학년에 적용하거나 마술의 원리를 추론할 수 있도록 하기 위해서는 수의 범위를 축소하여 마술을 시연하는 것이 좋다.

또, 수 범위가 작은 것부터 시작하는 것이 학생들의 흥미와 관심을 유지하는 데 효과적이다.

1) 1~7까지의 수 알아맞히기

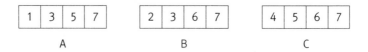

2) 1~15까지 수 알아맞히기

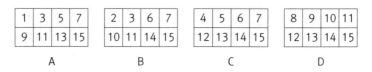

마술에 빠진 수학

3) 1~23까지 수를 선택하는 경우

1	3	5	7
9	11	13	15
17	19	21	23

A

2	3	6	7
10	11	14	15
18	19	22	23

B

4	5	6	7
12	13	14	15
20	21	22	23

C

8	9	10	11
12	13	14	15

D

16	17	18	19
20	21	22	23

E

나만의 마술

1. 1~64까지 활용할 수 있는 수 카드를 만들어보시오.

2. 3진법으로 수 카드를 만들었을 때 생각한 수를 알아맞히는 마술을 만들 수 있는지 알아보시오. 어떤 정보가 더 필요한지 알아보고, 그것을 이용하여 마술을 만들어보시오.

3. 수 카드를 이용하여 나이를 알아맞히는 마술을 시연해보시오.

10개 수의 합을 미리 알 수 있다고?

처음 두 수를 마음대로 선택하고, 나머지 수 8개를 쓰면 합이 얼마인지 미리 알아맞히는 마술입니다.

여러분이 말하는 수 10개의 합을 미리 맞히겠습니다. 누가 말해줄까요? 그런데 말하는 수는 앞에 있는 두 수의 합이어야 합니다. 처음에 말하는 두 수만 여러분 마음대로 말할 수 있습니다.

2

다음 수는?

6

그 다음 수는 2와 6의 합이니까 8이고, 그 다음 수는 6과 8의 합인 14입니다. 그런 방법으로 수 10개를 써보세요.

2, 6, 8, 14, 22, 36, 58,

(일곱째 수를 쓰는 것을 확인한 다음에) 잠깐, 나머지 수를 쓰기 전에 미리 합을 알 아맞히겠습니다.(종이에 합 638을 쓰고 접 어서 학생에게 보관하게 한다)

계속해서 나머지 수를 쓰세요.

2, 6, 8, 14, 22, 36, 58, 94, 152, 246

계산해 보세요.

638

마술사의 생각

일곱째 수가 58이므로 58×11=638이다. 11을
곱하는 것보다 580+58로 계산하는 것이
빠르지.

(미리 써놓은 정답을 보여준다.)
"638"

피보나치 수열을 이용한 마술이다. 피보나치 수열은 앞의 두 수의 합으로 이루어지는 수열이다. 예를 들어, 3, 4, 7(3+4), 11(4+7), 18(7+11), 29(11+18), …이 피보나치 수열이다. 이 수열의 처음 10개 항의 합을 알아맞히는 마술이다. 처음 두 수는 임의대로 학생들이 말하게 한다. 그 다음 수는 수열의 규칙에 의하여 차례대로 쓰게 한다. 일곱째 항의 수를 썼을 때 미리 합을 예상하여 답을 적어서 감추고 나중에 이를 확인한다. 일곱째 항이 56이라면 10개 항의 합은 616이다. 피보나치 수열의 처음 두 수를 썼을 때 합을 구할 수도 있지만 일곱째 항이 얼마인지 빨리 구하기 어렵기 때문에 학생들과 함께 일곱째 항을 쓰는 것이 좋다. 피보나치 수열에서 처음부터 10개 항의 합은 일곱째 항의 11배이다. 왜 그런지 살펴보자.

처음 두 항이 a, b인 피보나치 수열은 다음과 같다.

항	1	2	3	4	5	6	7	8	9	10
수	a	b	a+b	a+2b	2a+3b	3a+5b	5a+8b	8a+13b	13a+21b	21a+34b

피보나치 수열에서 처음 10개 항의 합은 55a+88b이고, 처음 7개 항의 합은 5a+8b이므로 55a+88b=11×(5a+8b)이다. 따라서 처음 10개 항의 합은 일곱째 항의 11배이다.

일곱째 항이 얼마인지 알았다면 암산으로 재빨리 11을 곱하면 전체 수열의 합을 구할 수 있다. 참고로 어떤 수의 11의 곱은 다음과 같이 간단히 구할 수 있다.

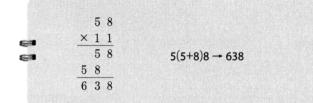

$$\begin{array}{r} 5\ 8 \\ \times\ 1\ 1 \\ \hline 5\ 8 \\ 5\ 8 \\ \hline 6\ 3\ 8 \end{array}$$

$5(5+8)8 \rightarrow 638$

계산이 쉽도록 처음에 작은 수로 시작하는 것이 좋다.

또, 일곱째 수에서 답을 종이에 적으면 학생들이 미리 계산을 하였다고 하면서 마술에 대한 의심을 불러일으켜 호기심이 줄어들 수 있다. 따라서 일곱째 수를 말할 때까지 기다리기 보다는 다섯째 수를 말할 때 "잠깐" 외치면서 여섯째, 일곱째 수를 재빨리 구하고, 일곱째 수에 11을 곱하여 답을 종이에 적으면 학생들의 의심을 불식시킬 수 있을 것이다.

나만의 마술

1. $2+4+6+\cdots+2n=n(n+1)$임을 이용하여 마술을 만들어 보시오.

2. $1+2+4+8+\cdots+2^{n}=2^{n+1}-1$임을 이용하여 마술을 만들어 보시오.

마음을 읽어라

 마음대로 뽑은 숫자 카드가 무엇인지 알아맞히는 마술입니다.

1~9까지 숫자 카드가 있습니다. 여러분이 마음대로 뽑은 숫자 카드를 알아맞힐 수 있습니다. 먼저, 영희가 한 장을 뽑아 어떤 수 인지 확인하고 보이지 않게 엎어두세요.

3

그 수에 5를 곱해주세요.

15

그 수에 3을 더해주세요.

15+3=18

그 수에 2를 곱해주세요.

18×2=36

이번에는 정호가 숫자 카드를 한 장 뽑아주세요. 그러면 두 사람이 뽑은 카드의 숫자를 알아맞힐 수 있습니다.

나머지 숫자 카드에서 한 장을 뽑는다. 7

뽑은 수를 영희에게 귓속말로 알려주세요. 영희는 알려준 수를 더해주세요. 얼마입니까?

43

마술사의 생각

43이라고? 음, 43에서 6을 빼면 37이지.
그렇다면 영희가 뽑은 숫자는 3이고, 정호가
뽑은 숫자는 7이군.

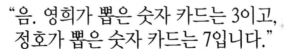

"음. 영희가 뽑은 숫자 카드는 3이고,
정호가 뽑은 숫자 카드는 7입니다."

이 마술은 아주 간단하며, 핵심적인 원리는 5×2에 있다. 선택한 수에 5를 곱하고 2배하면 선택한 수에 10을 곱하는 것인데, 이것은 선택한 숫자가 십의 자리가 된다는 것을 의미한다. 그런데 한 번에 10을 곱하게 하는 것은 마술의 흥미를 잃을 수 있으므로 이를 5와 2로 분해하여 곱하게 하는 것이다. 또, 소수를 배웠다면 선택한 수에 2.5를 곱하고, 4를 곱하는 마술로 변형시켜도 좋을 것이다.

숫자 카드 한 장을 뽑아 5를 곱하고 3을 더하면 $5a+3$이고, 여기에 2를 곱하면 $10a+6$이다. 다른 학생이 뽑은 카드의 수를 더하면 $10a+6+b$이다. $10a+6+b$에서 6을 빼면 $10a+b$가 되는데 a는 첫째 카드의 숫자이고, b는 둘째 카드의 숫자이다. 이rhk 마술에서 마지막 계산 결과가 43이므로 43-6=37이다. 따라서 첫째 카드는 3이고 둘째 카드는 7이다.

$5a+3$에서 3을 더하는 대신에 6을 더했다면 $(5a+6) \times 2$이므로 마지막 계산 결과에서 12를 빼야 한다. 이런 경우, 두 자리 수 뺄셈을 암산으로 빨리 해결할 수 있어야 한다.

이 마술에서는 한 자리 수 카드를 이용한 마술이지만 대상이 3학년 이상이라면 두 자리 수 이상의 수를 선택하여도 된다. 다만 마지막에 선택한 수는 한 자리 수로 하는 것이 계산하는 데 편리하다. 예를 들면, 처음에 세 자리 수 456을 선택하였다면 $456 \times 5 \rightarrow 2280+3 \rightarrow 2283 \times 2 = 4566 \rightarrow 4566+7 \rightarrow 4573$이므로 4573-6=4567이다. 따라서 처음에 선택한 수는 456이고, 나중에 선택한 수는 7임을 알 수 있다.

위와 같은 마술은 학생들의 암산 능력을 발달시키는 데 효과적이다. 단순히 계산 연습을 시키는 것은 학습의 큰 효과를 거두기 어렵기 때문에 수학 마술이라는 흥미와 결합시킨다면 학생들의 거부감을 줄일 수 있을 것이다.

어떤 수를 선택하고, 5를 곱하고, 얼마를 더하고, 2를 곱하는 활동은 간단한 수를 이용하여 암산 능력을 발달시키기에 적절하다. 같은 마술을 몇 번 되풀이 하면 수학 마술의 원리를 추론할 수 있을 것이다. 이것은 수학 마술이 학생들의 추론 능력을 발달시키는 데 기여한다는 것을 알 수 있다.

나만의 마술

1. 1~9의 숫자 카드를 A, B, C, D가 각각 한 장씩 뽑았다. 4사람이 뽑은 수를 알아맞히는 마술을 만들어 보시오.

2. 주사위 2개를 던졌을 때 어떤 눈이 나왔는지를 알아맞히는 마술을 만들어 보시오.

3. 생월과 생일을 알아맞히는 마술을 만들고 시연해보시오.

번개처럼 빠른 곱셈

 아주 어려운 곱셈 문제를 번개처럼 계산할 수 있는 마술입니다.

4자리 수×4자리 수의 계산은 복잡하고 시간이 많이 걸리겠지요? 곱셈 문제가 2문제 있습니다. 첫째 문제는 여러분이, 둘째 문제는 마술사가 제시합니다. 그리고 곱셈의 답을 합해야 합니다. 여러분은 계산기로 계산하는 동안 나는 마술을 걸어서 계산기보다 훨씬 빠르게 번개처럼 계산하겠습니다. 마음대로 4자리 수를 쓰세요.

4583

다른 사람이 나와서 4자리 수를 쓰세요.

7261

(세로셈으로 4583×7261을 쓴다.)
내가 4자리 곱셈 문제를 쓰겠습니다.
(4583×2738을 쓴다)

여러분은 계산기로 곱셈의 합이 얼마인지 계산기로 알아보세요. 나는 암산으로 계산하겠습니다. 누가 더 빠른지 봅시다. 시작

마술사의 생각

4583-1=4582 이것은 앞 4자리, 9999-4582=5417 이것은 뒤 4자리, 따라서 답은 45825417이다. 아마 계산기보다도 빠를 걸.

"45825417"

임의대로 4자리 수 2개를 선택하여 4자리 수×4자리 수의 곱셈 문제를 만들고, 그에 대응하는 4자리 수×4자리 수 곱셈 문제를 만든다. 학생 A가 4583을 임의로 선택하고, 학생 B가 7261을 선택하였다면 4583×7261과 이에 대응하는 4583×2738의 곱셈 문제를 만든다. 마술사는 학생 B가 선택한 수를 보고 각 자리 수의 합이 9가 되는 수를 선택하여 곱셈 문제를 만든 것이다.

학생들이 만든 문제: 4583×7261
마술사가 만든 문제: 4583×2738

학생이 만든 곱셈과 마술사가 만든 곱셈의 답을 구하여 합이 얼마인지 알아맞히는 마술이다. 누가 더 빨리 답을 구할 수 있을까? 물론 학생은 계산기를 사용한다.

시작이라는 신호와 함께 학생은 계산기로 곱셈하고, 그들의 합을 구한다. 마술사는 잠시 생각에 잠긴 듯 멈추다가 칠판에 학생 A가 선택한 수에서 1을 뺀 수 4582를 쓴다. 그리고 9999에서 4582를 뺀 5417을 이어서 쓴다. 답은 45825417이다.

마술사는 어떻게 빨리 답을 구할 수 있었는지 알아보자. 물론 사전에 미리 준비한 문제는 아니다.

학생 A가 선택한 수를 x, 마술사가 선택한 수를 y라고 하면 첫째 곱셈 문제는 이고, 둘째 곱셈 문제는 $x(9999-y)$이다. 두 곱셈의 결과를 합하면 다음과 같다.

$$xy+x(9999-y)=xy+9999x-xy$$

두 곱셈 결과의 합은 $9999x$인데 이를 변형하면 다음과 같다.

$9999x = 10000x - x$

$\quad\quad = 10000(x-1) + 10000 - x$

$\quad\quad = 10000(x-1) + 9999 + 1 - x$

$\quad\quad = 10000(x-1) + 9999 - (x-1)$

$10000(x-1)$는 앞의 4자리 수이고, $9999-(x-1)$은 뒤의 4자리 수가 된다.

$$10000 \times (4583-1) + 9999 - (4583-1)$$
$$= \underbrace{10000 \times 4582}_{\text{앞 4자리 수}} \quad \underbrace{+ 9999 - 4582}_{\text{뒤 4자리 수}}$$
$$= 45820000 + 5417$$
$$= 45825417$$

나만의 마술

1. 임의의 한 자리 수를 선택하였을 때 이 수를 천의 자리에 위치하도록 하려면 어떻게 해야 하는가?

2. 선택한 수가 2자리 수, 3자리 수일 때 마술을 각각 만들어 보시오.

자기 수 복제

 자신의 수를 복제하는 마술입니다.

여러 번 계산하면 처음의 수가 나오는 신기한 마술입니다. 마음대로 세 자리 수를 선택하세요.

458

그 수를 다시 이어 써서 6자리 수를 만드세요.

458458

계산기를 사용하여 그 수를 7로 나누세요.

458458÷7=65494

몫을 다시 11로 나누세요.

65494÷11=5954

Math Magic

몫을 다시 13으로 나누세요.

$$5954 \div 13 = 458$$

신기하죠? 다른 수를 선택하여 또 해보세요.

"처음에 선택한 수가 다시 나왔지요?
자신의 수를 복제한 것입니다."

임의로 선택한 3자리 수를 반복하여 만든 6자리 수를 7, 11, 13으로 나누면 처음의 수가 나오는 마술이다. 이 마술의 포인트는 7, 11, 13으로 연속하여 나누는 것이다. 결국은 $7 \times 11 \times 13 = 1001$로 나누는 것이다. 역연산을 이용하여 어떤 수를 1001로 곱하면 같은 마디의 수가 반복되어 나타난다. 예를 들어, $897 \times 1001 = 897897$이다. 이런 특성을 역이용한 마술이다.

임의로 선택한 수를 abc라고 하면 $100a+10b+c$이고, 이를 반복하여 만든 6자리 수는 $100000a+10000b+1000c+100a+10b+c$이다.

$(100000a+10000b+1000c+100a+10b+c) \div 1001$

$=(100100a+10010b+1001c) \div 1001$

$=1001(100a+10b+c) \div 1001$

$=100a+10b+c$

곱셈 패턴

어떤 수에 101을 곱하면 어떤 패턴이 있는지 알아보자. (한 자리 수)×101인 경우는 $5 \times 101 = 505$인 것처럼 결과가 한 자리 수의 반복이다. (두 자리 수)×101인 경우에는 $58 \times 101 = 5858$인 것처럼 결과가 두 자리 수의 반복이다. (세 자리 수)×101인 경우에는 결과에서 반복되는 것을 찾을 수 없다.

```
          a  b
    ×  1  0  1
    ─────────────
          a  b
       0  0
    a  b
    ─────────────
    a  b  a  b
```

세 자리 수의 곱에서 반복되는 패턴을 만들려면 1001을 곱해야 한다.

```
             a  b  c
       ×  1  0  0  1
       ──────────────────
             a  b  c
    a  b  c
    ──────────────────
    a  b  c  a  b  c
```

위의 패턴에 의하면 네 자리 수의 곱에서 반복되는 패턴을 찾으려면 10001을 곱해야 함을 알 수 있다.

58×	101	=5858	⋯⋯ 두 자리 수 반복
584×	1001	=584584	⋯⋯ 세 자리 수 반복
5842×	10001	=58425842	⋯⋯ 네 자리 수 반복
58429×	100001	=5842958429	⋯⋯ 다섯 자리 수 반복

또, 58×101=5858에서 58이 2번 반복되어 나타난다. 3번 반복되어 나

타나게 하려면 10101을 곱하면 된다.

58×	101=	5858
58×	10101=	585858
58×	1010101=	58585858
58×	101010101=	5858585858

특히, 10101은 13, 21, 37의 배수이므로 이를 이용한 마술을 다음과 같이 만들 수 있다.

1) 마음대로 두 자리 수를 선택하세요. (39)

2) 그 수를 3번 반복하여 쓰세요. (393939)

3) 그 수를 37로 나누세요. (393939÷37=10647)

4) 다시 21로 나누세요. (10647÷21=507)

5) 다시 13으로 나누세요. (507÷13=39)

584×1001=584584에서 584가 2번 반복되어 나타난다. 3번 반복되어 나타나게 하려면 1001001을 곱하면 된다는 것을 추론할 수 있다.

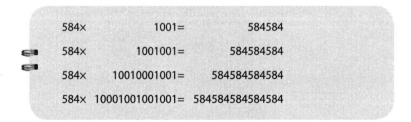

584×	1001=	584584
584×	1001001=	584584584
584×	10010001001=	584584584584
584×	10001001001001=	584584584584584

5842×10001=58425842에서 5842가 2번 반복되어 나타나므로 위와 같은 패턴을 적용하여 5842가 3번 반복되어 나타나게 하려면 100010001을 곱하면 된다.

5842×	10001=	58425842
5842×	100010001=	584258425842
5842×	1000100010001=	5842584258425842

나만의 마술

1. 두 자리 수×101의 곱은 두 자리 수가 반복되어 나타나는 성질과 다른 수의 성질을 합성하여 마술을 만들어 보시오.
2. 재미있는 곱셈의 패턴을 찾아 보시오.

마법의 수 27

 답은 항상 27이 되는 원리를 이용하여 교과서 27쪽의 내용을 알아맞히는 마술입니다.

(마술사는 수학교과서 27쪽에 있는 그림이나 내용을 미리 본다) 여러분이 계산한 결과가 무엇인지 알아맞히겠습니다. 여러분 마음대로 4자리 수를 선택하세요.

4920

일의 자리 숫자와 천의 자리 숫자를 바꿔 쓰세요.

924

두 수를 비교하여 큰 수에서 작은 수를 빼세요.

4920-924=3996

답의 각 자리 수를 더하세요.

3+9+9+6=27

마술사의 생각

27쪽의 모습을 미리 보았다는 것을 꿈에도
생각하지 못했을 거야. 최대한 호기심을
자극할 수 있도록 설명해야지

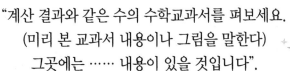

"계산 결과와 같은 수의 수학교과서를 펴보세요.
(미리 본 교과서 내용이나 그림을 말한다)
그곳에는 …… 내용이 있을 것입니다".

이 마술은 연산의 성질과 9의 배수 성질을 결합한 마술이다. 임의의 수를 이용하여 9의 배수로 민드는 방법은 여러 가지가 있는데 자리 수를 교환하여 9의 배수를 만들 수 있다. 임의의 두 자리 수 ab의 자리 수를 교환하여 새로운 수를 만들고, 큰 수에서 작은 수를 **빼면** 9의 배수가 된다. 즉, $(10a+b)-(10b+a)=9a-9b=9(a-b)$이므로 9의 배수이다.

임의의 세 자리 수 abc에서 자리 수를 교환하여 acb, bac, cba를 만들었다. 처음 수에서 새로 만든 수를 **빼면** 다음과 같다.(초등학교에서는 음수를 배우지 않기 때문에 큰 수에서 작은 수를 **뺀다**)

$(100a+10b+c)-(100a+10c+b)$

$=9b-9c$

$=9(b-c)$

$(100a+10b+c)-(100b+10a+c)$

$=90a-90b$

$=90(a-b)$

$(100a+10b+c)-(100c+10b+a)$

$=99a-99c$

$=99(a-c)$

일반화하여 임의의 한 자리 수를 4개 선택하여 마음대로 첫째 4자리 수를 만들고, 다시 마음대로 둘째 4자리 수를 만들어서 큰 수에서 작은 수를 **빼면** 9의 배수가 된다. 즉, 임의로 선택한 수가 a, b, c, d라면 이 수들을 조합하여 4자리 수 cbad, dabc를 만들고, 두 수를 **빼면** 다음과 같다.

$$(1000c+100b+10a+d)-(1000d+100a+10b+c)$$

$$=-90a+90b+999c-999d$$

$$=9(-10a+10b+111c-111d)$$

위의 마술에서 마음대로 4자리 수를 선택하고, 천의 자리 수와 일의 자리 수를 교환하여 새로운 수를 만든다. 처음 수에서 새로운 수를 **빼면**

$$(1000a+100b+10c+d)-(1000d+100b+10c+a)$$

$$=1000(a-d)+(d-a)$$

$$=1000(a-d-1)+900+90+(10+d-a)$$

천의 자리 수는 $(a-d-1)$, 백의 자리 수는 9, 십의 자리 수는 9, 일의 자리 수는 $(10+d-a)$이다. 각 자리의 수를 더하면 $(a-d-1)+9+9+(10+d-a)=9+9+9=27$이다.

나만의 마술

1. 천의 자리 수와 일의 자리 수를 더하면 9이므로 이를 이용하여 마술을 만드시오.
2. 임의의 네 자리 수에서 두 자리씩 묶어서 자리를 바꾸면 어떻게 될 것이며, 이를 이용한 마술을 만들어보시오.

제 4 장

도형 마술

도형마술에서는 도형이나 측정과 관련된 역설을 중심으로 몇 가지 소개한다. 도형의 길이나 넓이 등은 다른 모양으로 바꾸어도 변하지 않는다. 즉, 정사각형을 잘라서 다른 모양으로 만들어도 그 넓이는 변하지 않는다. 이런 성질을 양의 보존성 또는 불변성이라고 한다. 그런데 도형 마술은 이것을 부정한다. 이런 현상이 가능한지 수학 마술로서 이런 역설을 알아보자.

사라진 선분

 나이를 알아맞히는 마술입니다. 물론 두 자리 수를 알아맞히는 것과 같습니다.

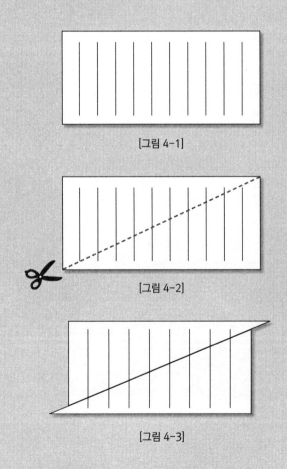

[그림 4-1]

[그림 4-2]

[그림 4-3]

([그림 4-1]을 제시한다) 직사각형 종이에 선분 10개가 있습니다. [그림 4-2]처럼 대각선으로 잘라 [그림 4-3]처럼 붙였습니다.

[그림 4-3]에서 선분이 몇 개인지 세어보세요.

9개

선분 1개는 어디로 갔을까요? 선분이 사라졌습니다. 다시 원래대로 붙여보겠습니다. ([그림 4-2]처럼 붙인다) 선분이 몇 개입니까?

10개

사라졌던 선분이 다시 나타났습니다. 어떻게 된 일인가요?

직사각형의 종이에 길이가 같은 선분 10개를 같은 간격으로 그렸다. 직사각형의 대각선을 그리면 선분의 길이는 대각선을 중심으로 윗부분은 점점 감소, 아랫부분은 증가하는 모습이다. 대각선을 따라 가위로 잘라 아랫부분을 왼쪽 아래로 붙이면 [그림 4-3]처럼 된다. [그림 4-3]에서 선분의 수는 9개이다. 원래 있었던 선분 10개가 9개로 된 것이다. 선분 1개가 사라졌다. 아랫부분을 다시 원래대로 붙이면 사라졌던 선분이 다시 나타났다.

어떻게 된 것일까? 자세하게 관찰하면 사라진 선분은 없다. 대각선에 의하여 선분 10개가 18개로 나누어진 다음, 선분 9개로 재배열된 것이다. 9개로 재배열되었을 때 각 선분의 길이가 모두 조금씩 길어졌음을 발견할 수 있다. 길어진 선분의 길이를 모두 합하면 선분 1개의 길이가 된다.

선분을 그리는 방법은 다음과 같다.

첫째, A4용지와 같은 직사각형 또는 정사각형 모양의 종이를 준비한다.

둘째, [그림 4-4]와 같이 길이가 일정한 선분을 일정한 간격으로 원하는 수만큼 그린다.

셋째, [그림 4-5]의 점선과 같이 맨 왼쪽 선분의 아래 끝점과 맨 오른쪽 선분의 위 끝점을 잇는 연장선을 긋는다. 점선을 따라 종이를 자르면 된다.

[그림 4-4]

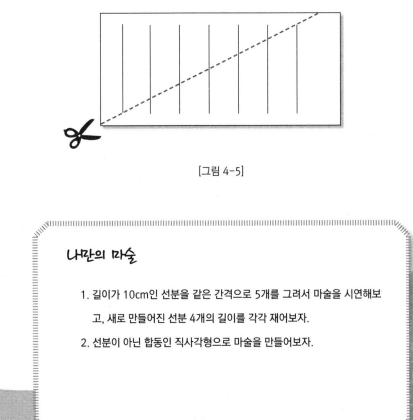

[그림 4-5]

나만의 마술

1. 길이가 10cm인 선분을 같은 간격으로 5개를 그려서 마술을 시연해보고, 새로 만들어진 선분 4개의 길이를 각각 재어보자.

2. 선분이 아닌 합동인 직사각형으로 마술을 만들어보자.

Math Magic
4-2

사라진 얼굴

 1명이 사라졌다가 다시 나타나는 마술입니다. 1명은 어디 갔다 왔을까요?

[그림 4-6] 사라진 얼굴

[그림 4-7]

[그림 4-8]

[그림 4-6]에는 6명의 얼굴이 있습니다. [그림 4-7]처럼 점선을 따라 잘라 왼쪽으로 붙였더니 [그림 4-8]처럼 되었습니다.

([그림4-6]을 가리키면서) 처음에는 몇 명이었지요?

6명

([그림 4-8]을 가리키면서) 몇 명인가요?

5명

1명은 어디로 갔을까요?

(다시 오른쪽으로 붙이면서) 다시 6명이 되었습니다. 어떻게 된 일입니까?

선분이 사라지는 마술과 같은 유형의 마술인데 선분 대신에 연필, 모자, 컵, 얼굴 등 2차원적인 그림을 이용하면 더욱 흥미를 높일 수 있다. 간단한 그림부터 복잡한 그림을 이용할 수 있다.

[그림 4-7]과 같이 점선을 따라 잘라낸 다음, 왼쪽으로 밀어서 붙이면 맨 오른쪽에는 모자만 남고, 사람의 얼굴이 하나 사라졌다. 다시 원래대로 붙이면 사라졌던 얼굴이 나타났다. 도대체 한 사람의 얼굴이 어떻게 없어졌다가 다시 생겨나는가? 저학년의 학생들에게는 매우 흥미롭고 신기하게 느껴질 것이다. 그러나 자세히 관찰하면 사라진 것이 아니라 얼굴 5개가 분해되어 4개로 재배열되면서 4사람의 얼굴 길이가 약간씩 길어졌음을 알 수 있다. 길어진 얼굴을 합하면 1사람의 얼굴이 된다.

이와 같은 마술을 이해하기 위하여 다음을 알아보자. 사과가 4개씩 5묶음이 있다.

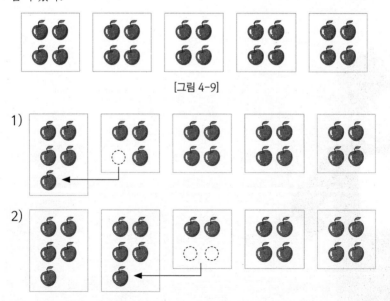

[그림 4-9]

마술에 빠진 수학

3)

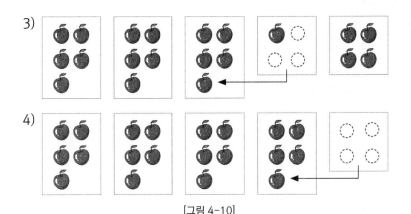

4)

[그림 4-10]

[그림 4-10]의 1)~4)처럼 사과를 옮기면 사과 한 묶음이 없어진 대신에 각 묶음에서 사과가 1개씩 많아졌다는 것을 알 수 있다. 묶음의 수는 감소 하였지만 각 묶음의 크기는 증가하여 전체의 양은 변화가 없다. 다만 시 각적으로 알아차리기 어려울 뿐이다.

나만의 마술

1. 정사각형을 이용하여 정사각형 1개가 없어지는 마술을 만들어보시오.

2. 정사각형을 이용하여 재미있는 그림을 그려서 사라지는 마술을 만들어 보시오.

64=65?

 정사각형 모눈종이를 잘라 직사각형으로 만들면 넓이가 줄어드는 마술입니다.

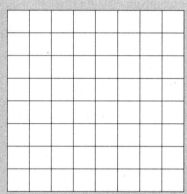

가로 8, 세로 8인 정사각형의 모눈종이

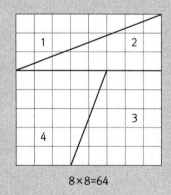

8×8=64

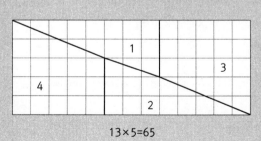

13×5=65

마술에 빠진 수학

가로 8, 세로 8인 정사각형의 모눈종이가
있습니다. 넓이는 얼마입니까?

64

넓이가 64인 정사각형을 왼쪽 그림처럼 잘라
오른쪽 그림처럼 붙여서 직사각형을 만들었습
니다. 직사각형의 넓이는 얼마입니까?

가로 13, 세로 5이니까
넓이는 65입니다.

정사각형의 넓이는 64였는데 잘라서 옮겨 붙여
직사각형을 만들었더니 넓이가 65가 되었습니다.
어찌된 일입니까?

한 변의 길이가 8인 정사각형은 도형을 분해하여 재배열하면 넓이가 변하는 마술에 매우 유용하게 활용된다. 정사각형의 넓이는 64인데 이를 4조각으로 자르고 재배열하여 13×5인 직사각형을 만들면 넓이가 65가 되어 넓이가 1만큼 증가하였다. 어째서 이런 일이 발생한 것일까? 학생들은 호기심과 탐구심으로 그 이유를 분석할 것이다.

이런 일은 발생할 수 없다고 생각하는 것이 논리적이고, 보존 개념이 확실하게 형성된 것이다. 따라서 정사각형이 정확하게 그려졌다면 재배열된 직사각형의 대각선은 정확하지 않을 것이고, 직사각형의 대각선이 정확하게 그려졌다면 즉, 직사각형에서 대각선을 이루는 것은 직각삼각형 2개의 빗변이므로 이것이 정확하게 그려졌다면 조각 1과 조각 2의 넓이가 조각 3과 조각 4의 넓이보다 조금 넓을 것이다.

실제로 주어진 선을 따라 정사각형을 잘라 직사각형을 재배열하면 다음과 같이 된다.

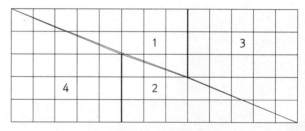

[그림 4-11] (출처: Martin Gardner, 1956)

직사각형의 대각선이 일치하지 않으며 내부에 작은 공간이 생긴다. 이 작은 공간 때문에 넓이가 1만큼 증가한 것이다.

1. 여러 가지 배열

마술에서 사용한 조각을 이번에는 [그림 4-12]와 같이 이등변삼각형으로 재배열하여 넓이가 얼마인지 알아보자.

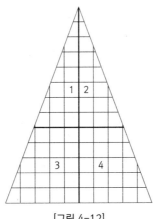

[그림 4-12]

밑변이 10이고 높이가 13이므로 넓이는 $10 \times 13 \div 2 = 65$이다. 정사각형의 넓이보다 1이 증가하였다. 어찌된 일일까?

정사각형의 조각을 모아 재배열하면 [그림 4-12]처럼 정확한 이등변삼각형이 될 듯하지만 실제로 만들어보면 그렇지 않다. 4조각을 모아 만든 이등변삼각형이 정확하다면 조각 1과 조각 3의 합쳐져 만들어진 직각삼각형과 조각 1의 직각삼각형은 닮음이므로 밑변과 높이의 비가 같아야 한다. 그런데 $5:3 \neq 13:8$이므로 정확한 이등변삼각형이 아님을 알 수 있다. 또, 사다리꼴인 조각 3의 비스듬한 변의 기울기와 직각삼각형인 조각 1의 빗변 기울기가 같지 않으므로 이등변삼각형의 변은 일직선이 아니다.

이번에는 정사각형의 4조각을 [그림 4-13]과 같이 재배열하여 넓이를 비교하여 보자.

5×5인 정사각형 2개와 1×13인 직사각형 1개의 넓이를 합하면 50+13=63이다. 정사각형의 넓이가 64이었는데 재배열하였더니 넓이가 1만큼 작아졌다. 어떻게 된 일인가?

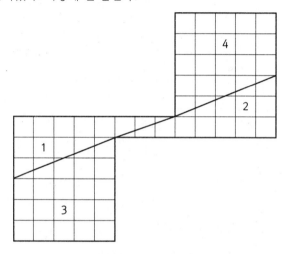

[그림 4-13] (출처: Martin Gardner, 1956)

[그림 4-13]을 보면 분명히 넓이가 63이지만 4조각을 실제로 맞추어보면 [그림 4-14]와 같이 되어 완벽한 도형을 이루지 못하고 있다. 이유는 사다리꼴의 비스듬한 변과 직각삼각형의 빗변의 기울기가 다르기 때문이다.

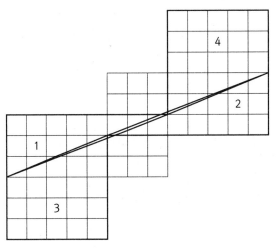

[그림 4-14] (출처: Martin Gardner, 1956)

2. 분할된 조각과 피보나치 수열

정사각형을 분할한 조각 4개는 밑변이 3, 높이가 8인 직각삼각형 2
개, 윗변과 아랫변이 3, 5이고 높이가 5인 사다리꼴 2개로 되어 있다.
변의 길이가 3, 5, 8로 이루어져 있는데 수열 3, 5, 8은 피보나치 수열
(Fibonacci sequence)의 일부이다. 이를 단서로 하여 정사각형의 넓이와
피보나치 수열 사이에 관계가 있는지 살펴보자.

피보나치 수열은 앞의 두 수의 합이 다음 수가 되는 수열을 말한다.

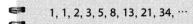 1, 1, 2, 3, 5, 8, 13, 21, 34, …

피보나치 수열에서 어느 한 수를 제곱한 수는 그 수의 앞과 뒤에 있는 수의 곱보다 1보다 크거나 작다. 예를 들어, 5의 제곱은 25이고, 5의 앞, 뒤항의 곱은 $3 \times 8 = 24$이므로 1 크다. 또, 8의 제곱은 64이고, 8의 앞, 뒤항의 곱은 $5 \times 13 = 65$이므로 1크다

$2 \times 2 = 4$, $1 \times 3 = 3$	$8 \times 8 = 64$, $5 \times 13 = 65$
$3 \times 3 = 9$, $2 \times 5 = 10$	$13 \times 13 = 169$, $8 \times 21 = 168$
$5 \times 5 = 25$, $3 \times 8 = 24$	$21 \times 21 = 441$, $13 \times 34 = 442$

이 성질에 따라 한 변의 길이가 5인 정사각형을 4조각으로 분할하여 3×8인 직사각형을 만들면 넓이가 1 감소하고, 8인 정사각형을 분할하여 5×13인 직사각형을 만들면 넓이가 1 증가한다. 물론 다른 모양으로 재배열하면 증감의 여부가 달라질 수 있다.

피보나치 수열에 따라 변의 길이가 다양한 정사각형을 분할하여 직사각형을 만들 수 있다. 피보나치 수열에서 어느 한 수를 선택하였다면 그 수를 한 변으로 하는 정사각형을 그리고, 그 수와 그 수의 앞, 뒤에 있는 두 수로 이루어진 직각삼각형과 사다리꼴로 분할한다. 예를 들어, 13을 선택하였다면 한 변의 길이가 13인 정사각형을 그리고, 변의 길이가 5, 8, 13으로 이루어진 직각삼각형과 사다리꼴로 분할하면 된다([그림 4-15] 참고).

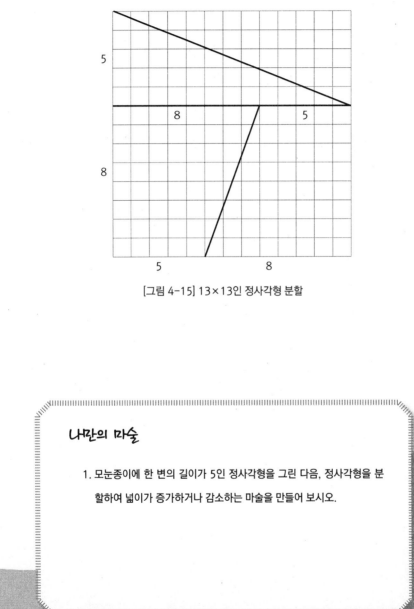

[그림 4-15] 13×13인 정사각형 분할

Math Magic 4-4

사라진 넓이

 정사각형의 모눈종이를 대각선으로 잘라 직사각형으로 만들면 넓이가 줄어드는 마술입니다.

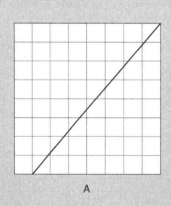

A

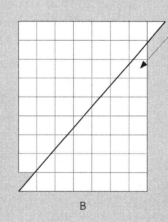

B

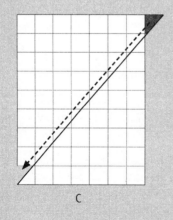

C

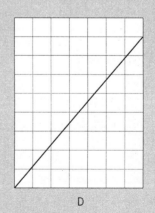

D

가로 8, 세로 8인 정사각형의 모눈종이가 있습니다. 넓이는 얼마입니까?

64

이 정사각형을 다음과 같이 대각선으로 잘라 (A) 왼쪽 아래로 붙이고(B), 오른쪽 위의 남은 삼각형을 잘라 왼쪽 빈 곳에 옮겨 붙였더니 (C) 7×9인 직사각형(D)이 되었습니다. 넓이가 63으로 1 줄었습니다. 어찌 된 일입니까?

????

이 마술도 넓이가 늘어나거나 줄어드는 마술이다. 간단하지만 역사가 오래된 마술이다. 모눈종이에 8×8인 정사각형을 그리고, A처럼 완전한 대각선이 아닌 비스듬한 대각선을 그린다. 이 대각선을 따라 잘라서 대각선 아래 부분의 직각삼각형을 B처럼 왼쪽 아래로 이어 붙인다. C에서 보는 바와 같이 오른쪽 위의 남은 삼각형을 잘라 왼쪽 아래의 빈 곳에 붙이면 D가 된다. D는 7×9인 직사각형으로 넓이는 63이다. 원래 정사각형의 넓이는 64이었는데 직사각형으로 만들었더니 넓이가 1 작아진 것이다.

정확한 대각선이 아니므로 직사각형으로 만들면 D처럼 모눈의 눈금이 서로 일치되지 않는다. C에서 남은 삼각형의 부분을 자세하게 살펴보면, 정확한 대각선으로 잘랐다면 a처럼 될 것이지만 비스듬한 대각선으로 잘랐기 때문에 b처럼 된다. 따라서 자르고 남은 부분은 밑변과 높이가 각각 1인 직각삼각형이 아니라 높이가 약간 길다.

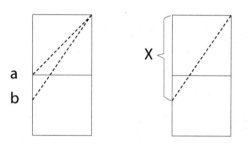

전체 직각삼각형과 남은 부분의 직각삼각형은 닮음이므로 길이의 비가 같다.

$$7 : 8 = 1 : x$$

$$x = \frac{8}{7}$$

따라서 직사각형 세로의 길이는 9가 아니라 $9\frac{1}{7}$이다. 직사각형의 넓이는 $7 \times 9\frac{1}{7} = 64$이므로 실제로는 넓이의 변화가 없다.

나만의 마술

1. 모눈종이에 8×8인 정사각형을 그린 다음, 비스듬하게 잘라 넓이를 2만큼 증가시키는 마술을 만들어 보시오.

2. 다음 그림과 같이 잘라서 비스듬히 내려서 붙이면 넓이는 어떻게 변하는지 알아보시오.

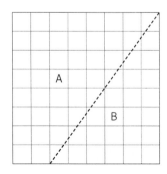

늘어난 넓이

 직사각형 모양의 모눈종이를 잘라 다른 도형으로 만들면 넓이가 늘어나는 마술입니다.

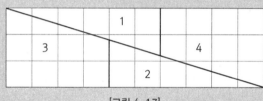

[그림 4-17]

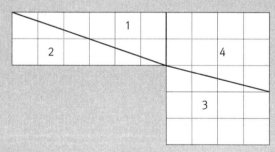

[그림 4-18]

가로 10, 세로 3인 직사각형이 있습니다. 넓이는 얼마입니까?

30입니다.

직사각형을 [그림 4-17]처럼 잘라서 [그림 4-18]과 같이 다시 배열하였습니다.

재배열한 [그림 4-18]의 넓이는 얼마입니까?

6×2+4×5=32입니다.

넓이가 2만큼 더 늘어났습니다. 어찌된 일입니까?

이 마술은 Hooper가 1794년에 그의 책 William Hooper's rational recreations에 제시한 것으로 위치를 바꿈으로써 넓이가 늘어나거나 줄어드는 것처럼 보이는 것이다. 이를 Hooper의 역설이라고 한다.

위 그림에서 조각 2와 조각 3의 위치를 교환하여 재배열하였는데 넓이가 2 증가하였다. 넓이가 증가한 것처럼 보이지만 사실은 그렇지 않다.

첫째, [그림 4-17]에서 조각 1의 넓이와 [그림 4-18]에서 조각 1의 넓이를 비교해보자. [그림 4-17]에서 삼각형 밑변의 길이는 2보다 조금 짧음을 관찰할 수 있고, [그림 4-18]에서 밑변의 길이는 2이다. 마찬가지로 [그림 4-17]의 사다리꼴에서 윗변의 길이는 2보다 짧다는 것을 알 수 있고, [그림 4-18]에서는 윗변의 길이가 2이다. 삼각형의 밑변과 사다리꼴의 윗변의 길이가 조금씩 늘어났기 때문에 넓이가 2만큼 증가한 것이다. [그림 4-17]에서 삼각형 밑변의 길이는 삼각형의 닮음을 이용하여 구할 수 있다.

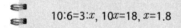

$$10:6=3:x,\ 10x=18,\ x=1.8$$

밑변의 길이가 1.8이고 높이가 6이므로 넓이는 5.4이다. 또, 사다리꼴의 윗변의 길이도 1.8이므로 사다리꼴의 넓이는 $(3+1.8)\times4\div2=9.6$이다. 4조각의 넓이를 모두 합하면 30으로 변화가 없다.

둘째, [그림 4-18]에서 대각선 ab는 정확하게 직선이 아니다. 정확한 대각선이 되려면 삼각형과 사다리꼴의 일부가 겹쳐져야 한다. 겹쳐지는 부분의 넓이가 2이다.

Hooper의 마술을 바탕으로 직사각형의 크기를 다양하게 변화시킴으로써 여러 가지 마술을 만들 수 있다.

1. Langman의 마술

Langman은 피보나치 수열에 바탕을 둔 직사각형을 만들어 넓이가 변하는 마술을 만들었다. [그림 4-19]처럼 13×8인 직사각형을 선분을 따라 4조각으로 나누었다. 4조각의 변의 길이는 2, 3, 5, 8, 13 등인데 이들은 곧 피보나치 수열의 항이다.

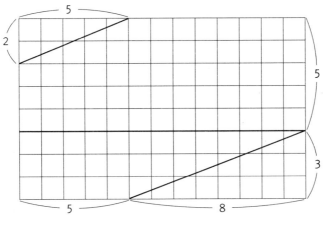

[그림 4-19] 8×13=104

Langman의 4조각을 [그림 4-20]과 같이 재배열하여 넓이를 구하면 5×21=105이다. 원래의 넓이보다 1이 증가하였다.

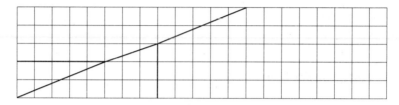

[그림 4-20] 5×21=105

피보나치 수열에 의하면 13 다음의 항은 21이다. 따라서 8×21의 직사
각형도 분할하여 재배열하면 넓이가 늘어나거나 줄어들게 할 수 있을 것
이다.

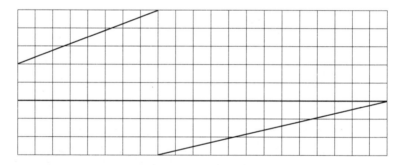

[그림 4-21] 8×21인 직사각형

[그림 4-21]에서 4조각의 각 선분의 길이는 피보나치 수열의 항과 같
음을 알 수 있다.

2. Curry의 마술

Curry는 뉴욕의 아마추어 마술가인데 1953년에 도형을 조각으로 자르고 재배열하여 내부에 공간을 만드는 마술을 보였다. 전체 넓이는 변화가 없음에도 도형을 재배열함으로써 내부에 빈 공간을 만드는 마술은 다음 마술에서 소개하고, 여기에서는 앞서 소개한 마술과 다른 형태의 마술을 소개한다. 앞의 마술에서는 분할된 조을 재배열함으로써 조각들의 넓이 변화를 보여주는 것이었다면 Curry의 마술은 조각들의 넓이는 변하지 않고, 빈 곳의 넓이 변화를 보여주는 마술이다.

[그림 4-22]는 5×13인 직사각형에 삼각형 A, B, C를 그렸다. 색칠한 부분은 빈 공간이다. 빈 공간의 넓이는 15이다.

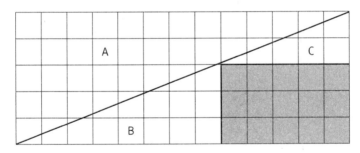

[그림 4-22] 색칠한 부분의 넓이 15

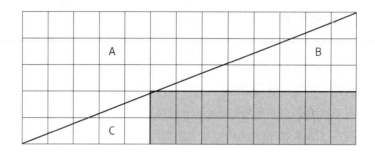

[그림 4-23] 색칠한 부분의 넓이 16

[그림 4-22]에서 삼각형을 잘라 조각 B와 C의 위치를 바꿔 [그림 4-23〉처럼 재배열하였다. 2×8인 직사각형의 빈 공간이 생겼다. 이 공간의 넓이는 16이다. 공간의 넓이가 15에서 16으로 1증가하였음을 알 수 있다.

왜 넓이가 늘어났을까? [그림 4-22]에서 삼각형 B의 밑변 길이는 8이다. 높이는 얼마인가? 얼핏 보기에는 3처럼 보이지만 3보다 약간 길다. 닮음을 이용하여 삼각형 b의 높이를 구하면

$$13:5=8:x$$
$$13x=40$$
$$x=3\frac{1}{13}$$

따라서 색칠한 부분의 넓이는 $5 \times 5\frac{1}{13}=15\frac{5}{13}$이다.

또, [그림 4-23]에서 색칠한 부분의 가로의 길이는 8이고 세로의 길이는 $1\frac{12}{13}$이므로 넓이는 $8 \times 1\frac{12}{13}=8\frac{96}{13}=15\frac{5}{13}$이다. 따라서 재배열하여도 색칠한 부분의 넓이는 변함이 없다. 매우 작기 때문에 시각적으로 드

러나지 않아 착각을 일으키는 것이다. 실제로 모눈종이에 그려서 확인해 보기 바란다.

나만의 마술

1. 피보나치 수열에서 적절한 수를 선택하여 Langman이나 Curry의 마술을 만들어 보시오.

구멍난 정사각형

 정사각형을 모양과 크기가 같도록 4등분하여 다른 정사각형으로 만들면 가운데 큰 구멍이 만들어지는 마술입니다.

[그림 4-24]

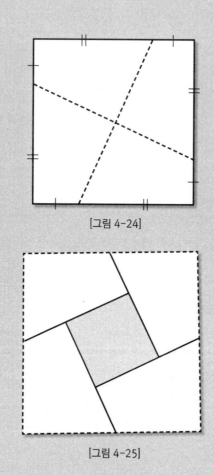

[그림 4-25]

정사각형인 색종이를 모양과 크기가 같은 4조각으로 나누었습니다.

자른 부분(점선)이 둘레가 되도록 정사각형을 만들어 보세요.

가운데에 빈 공간이 생겼습니다. 어찌 된 일인가요?

주어진 도형을 적절히 분할하여 재배열하면 넓이가 달라질 수 있다는 마술은 앞에서 제시하였다. 이 마술은 앞에서 제시한 마술과 다른 형태이다. 정사각형을 모양과 크기가 같은 4조각으로 자른다([그림 4-24]). 4조각을 [그림 4-25]처럼 재배열하면 분명히 정사각형이 만들어지지만 가운데에 빈 공간이 생긴다.

자른 선(점선)의 길이는 정사각형의 한 변의 길이보다 길기 때문에 재배열하였을 때 만들어진 정사각형의 넓이는 원래의 정사각형의 넓이보다 크다. 새로 만들어진 정사각형의 둘레는 원래 정사각형의 둘레보다 길다. 얼마만큼 길까? 그것은 내부 빈 공간의 둘레와 같음을 알 수 있다.

정사각형뿐만 아니라 직사각형도 위와 비슷한 방법으로 잘라서 재배열하면 내부에 빈 공간이 생긴다. 재배열하였을 때 직사각형이 되어야 하므로 자르는 두 선분이 수직으로 만나야 한다. 내부 공간의 크기는 자르는 선의 각도에 따라 다르다.

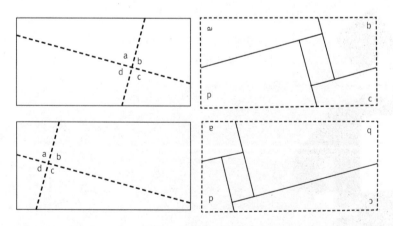

그러나 [그림 4-26]처럼 a, b처럼 자르는 끝점이 한 변에 2개 있도록 자

르면 재배열하여 직사각형을 만들 수 없다.

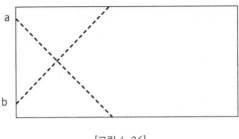

[그림 4-26]

전체 넓이가 변하지 않도록 하면서 도형을 재배열하여 내부에 공간을 만들 수 있을까? 이것을 보여주는 것이 Curry 마술의 특이성이다. [그림 4-22], [그림 4-23]에서 5×13인 직사각형 모눈종이에 삼각형 A, B, C를 그리고, 이를 잘라서 재배열하고, 삼각형 B, C의 위치를 바꾸면 공간의 넓이가 변하는 마술을 소개하였다.

여기에서는 [그림 4-27]처럼 공간을 조각 D, E로 분할하여 오른쪽처럼 재배열하였더니 내부에 공간이 생겼다. 물론 전체의 넓이는 변화가 없다.

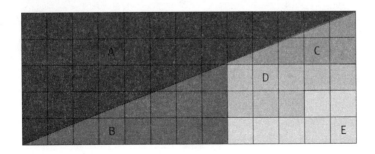

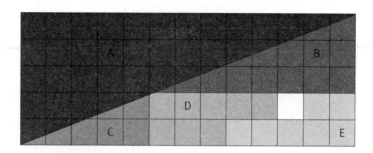

[그림 4-27]

math magic 4-5에서 삼각형의 위치를 바꾸면 공간의 넓이가 1 증가하는 마술을 기억할 것이다. 여기에서는 외부의 공간을 D, E로 나누어 재배열하면 오른쪽 그림처럼 내부에 빈 공간이 생긴다.

Curry는 이와 비슷한 마술을 작도를 통하여 다양하게 보여주고 있다.

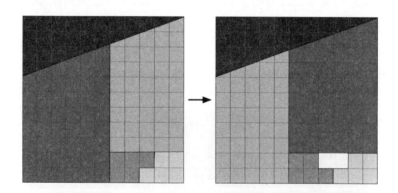

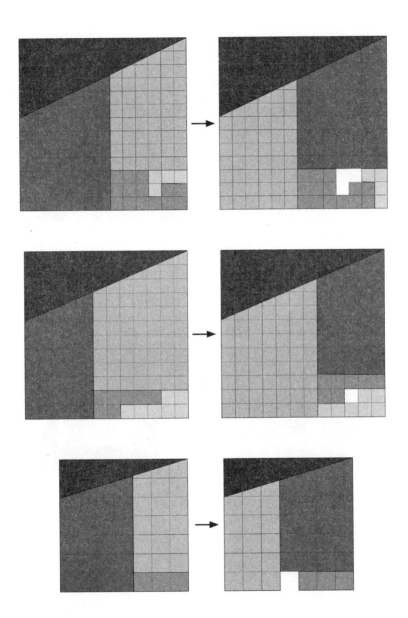

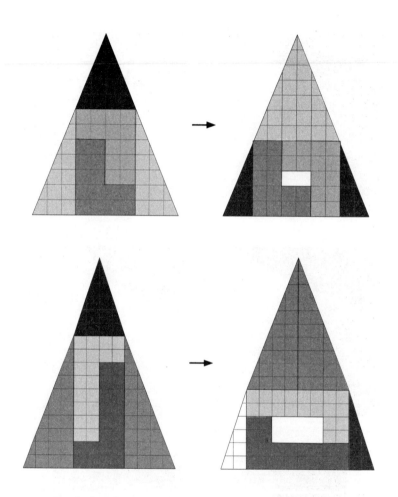

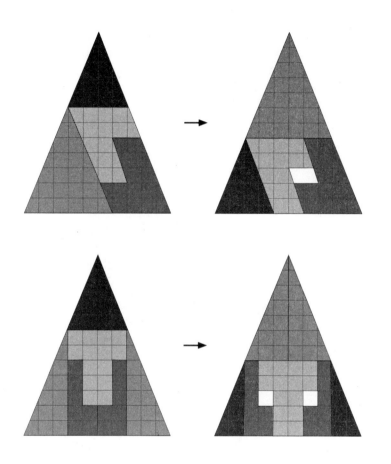

나만의 마술

1. 모눈종이에 10×10인 정사각형을 그리시오. 이 정사각형을 잘라 내부
   에 공간이 8이 되는 12×9인 직사각형을 만들어 보시오.

색종이 통과하기

 정사각형인 색종이로 우리 몸을 통과시키는 마술입니다.

정사각형인 색종이 1장(가로, 세로 15cm)이 있습니다. 색종이를 잘라서 우리 몸을 통과시켜봅시다. 물론 잘라서 끝을 이어 붙여서는 안 됩니다.

(학생들에게 색종이 1장과 가위를 나누어준다)

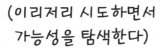

(이리저리 시도하면서 가능성을 탐색한다)

(마술사는 능숙한 손놀림으로 색종이를 잘라 학생들에게 몸을 통과시키는 모습을 보여준다)

넓이를 선으로 변환시키는 활동으로 자르는 간격이 좁을수록 둘레가 크게 된다. 자르는 방법은 다음과 같다.

1) 색종이를 반으로 접는다.

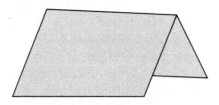

2) 가위를 이용하여 그림과 같이 접은 부분에서 가장자리 쪽으로 자른다. 그림에서 맨 왼쪽에는 약 2cm 정도는 남기고 자르고, 그 다음부터는 4cm 간격으로 자른다.

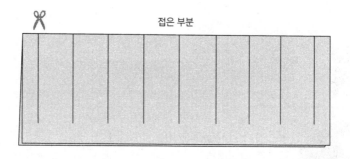

3) 이번에는 방향을 바꾸어 바깥쪽 가장자리부터 접은 부분 쪽으로 자른다.

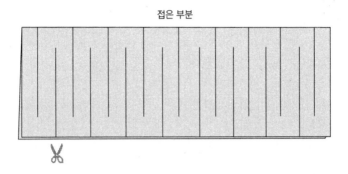

접은 부분

4) 가위를 이용하여 접은 부분을 화살표로 나타낸 부분까지 자른다.

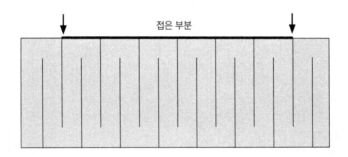

접은 부분

5) 색종이를 펼치면 자신의 몸을 통과시키기에 충분한 둘레를 가진 색종이가 가 된다.

나만의 마술

1. 가로, 세로의 길이가 15cm인 색종이를 잘라 2명을 통과시키는 마술을 만들어보시오.

2. 아름다운 목걸이를 만들어보시오.

탈출하기

 두 사람이 끈으로 손이 묶여 움직이지 못하고 있습니다. 끈을 자르지 않고 묶인 손을 풀어서 탈출하는 마술입니다.

다음 그림과 같이 두 사람의 손이 끈에 묶여 있어 두 사람이 붙어 있습니다. 끈을 자르지 않고 두 사람을 분리시켜봅시다.

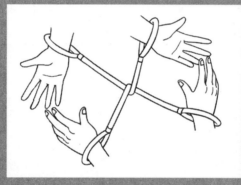

(끈으로 두 사람의 손을 느슨하게 묶어서 두 사람이 문제를 해결하도록 한다)

(충분한 시간을 준 후에 해결 방법을 제시한다)
자, 다음과 같이 해보세요.

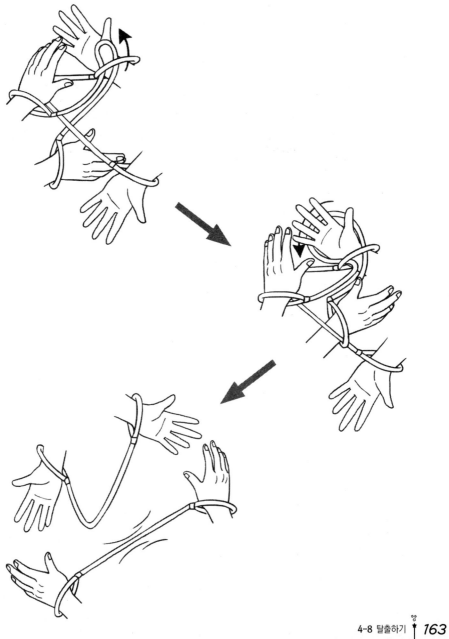

한 사람이 자신의 끈을 이용하여 작은 고리를 만들고, 그 고리를 자신의 다른 손목에 묶여 있는 끈 밑으로 밀어 넣는다. 그리고 손을 고리로 통과시키면 묶여 있던 손이 풀린다.

이번에는 고무 밴드가 건너뛰는 마술을 알아보자.

[그림 4-28]처럼 검지에 고무 밴드를 걸친다. [그림 4-29]처럼 고무줄 끝을 잡고 가운데 손가락을 아래에서 위로 한 번 감아서 [그림 4-30]처럼 끝을 검지에 끼운다. [그림 4-30]처럼 고무줄이 감겼는지 다시 한 번 확인한다. 그리고 상대방에게 검지를 꼭 잡게 한 다음에 눈을 감도록 한다. 상대방이 눈을 확실하게 감았는지 확인한 다음에 가운데 손가락을 살며시 구부리면서 고무 밴드에서 뺀다. 그러면 [그림 4-28]처럼 검지에 걸쳐 있던 고무밴드가 [그림 4-31]처럼 가운데 손가락으로 건너뛰어 옮겨졌다.

이 마술은 다른 사람들이 흉내 내기 어렵고 재미있는 마술인데 미국의 아마추어 마술가인 Frederick Furman이 1921년 The Magical Bulletin에 소개한 것이다(Gardner, 1956).

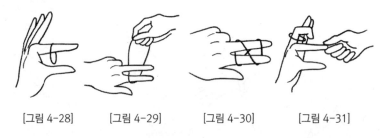

[그림 4-28]   [그림 4-29]   [그림 4-30]   [그림 4-31]

다음은 비슷한 유형의 마술인데 [그림 4-32]처럼 가위가 끈에 묶여있다. 오른쪽 A에는 끈이 고정되어 있다. 가위와 끈을 분리시키는 마술이다. 물론 끈을 잘라서는 안 된다.다음은 비슷한 유형의 마술인데 [그림 4-32]처럼 가위가 끈에 묶여있다. 오른쪽 A에는 끈이 고정되어 있다. 가위와 끈을 분리시키는 마술이다. 물론 끈을 잘라서는 안 된다.

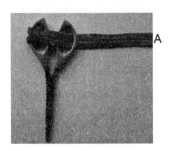

이런 마술은 위치와 관련(위상수학)되기 때문에 끈의 상태, 위치에 주의를 기울여야 한다.끈을 가위와 분리시키는 방법은 다음과 같다.

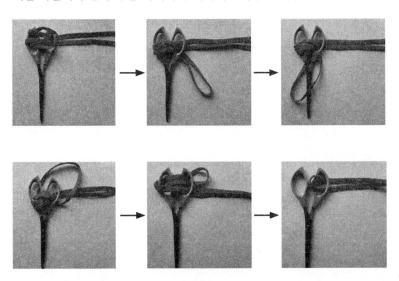

제 5 장

수 배열표 마술

달력을 비롯한 다양한 수 배열표는 일정한 규칙에 따라 수가 배열되어 있으므로 이를
이용하면 재미있는 마술을 만들 수 있다. 특히 달력은 우리 일상생활에서 널리 사용되고
있기 때문에 달력을 이용한 마술이 많이 알려져 있다. 달력은 주기가 7인 수 배열표이고,
초등학교 교과서에 소개된 100 배열표는 주기가 10인 배열표이다. 이를 이용한 마술을
알아보자.

Math Magic 5-1

달력마술 1 (3일의 합)

 수 배열표(달력 등)에서 연속적인 수들의 합을 재빨리 구하거나 합을 이용하여 날짜를 알아맞히는 마술입니다.

일	월	화	수	목	금	토
					1	2
3	4	5	6	7	8	9
10	11	12	13	14	15	16
17	18	19	20	21	22	23
24	25	26	27	28	29	30
31						

(임의의 달력을 제시하고, 눈을 가린다)여러분이 마음대로 연속적인 3일에 표시를 하세요. 3일 날짜를 모두 더해주세요. 합이 얼마인지 말해주면 선택한 3일을 알아맞히겠습니다.

(12+13+14) 39입니다.

(음. 39를 3으로 나누면 몫이 13이다. 그렇다면 가운데 수가 13이지. 첫째 날은 12일이군.)

12일~14일입니다.
다시 한 번 해볼까요?

(29+30+31) 90입니다.

(90을 3으로 나누면 몫은 30. 그렇다면 첫째 날은 29일이지.)

29일~31일입니다.

연속적인 세 수의 합을 이용한 마술이다. 12일~14일을 선택하였다면 날짜의 합은 12+13+14=39이다. 39를 3으로 나누면 몫은 13인데 이 수는 가운데 수이므로 13일-1=12일, 13일+1=14일임을 알 수 있다.

연속적인 세 수의 합에 대한 성질은 달력뿐만 아니고 자연수에서 모두 적용된다. 임의의 세 수를 $n-1$, n, $n+1$이라고 하면 이들의 합은 $n-1+n+n+1=3n$이므로 합은 가운데 수 n의 3배이다. 따라서 세 수의 합을 알면 세 수를 알 수 있다.

이 같은 원리는 가로줄뿐만 아니라 세로줄에서도 적용된다. 즉, [그림 3-1]의 달력에서 세로로 11일, 18일, 25일 선택하였다면 날짜의 합은 11+18+25=54이다. 이를 3으로 나누면 몫이 18이므로 18일은 가운데 날이고, 첫째 날은 18-7=11일, 셋째 날은 18+7=25일이다

일	월	화	수	목	금	토
		1	2	3	4	5
6	7	8	9	10	11	12
13	14	15	16	17	18	19
20	21	22	23	24	25	26
27	28	29	30	31		

[그림 5-1]

임의의 수 배열표에서도 이런 원리가 적용되는지 알아보자. [그림 5-2]는 주기가 13인 수 배열표의 일부분이고, 세로로 세 수를 표시하였다. 이 수들의 합은 138인데 이를 3으로 나누면 몫이 46이다. 따라서 가운데 수는 46이고, 첫째 수는 46-13=33, 셋째 수는 46+13=59이다.

28	29	30	31	32	33	34	35	36
41	42	43	44	45	46	47	48	49
54	55	56	57	58	59	60	61	62
67	68	69	70	71	72	73	74	75

[그림 5-2]

또, 수 배열표에서 임의의 수를 하나 선택하였다면 그 수를 중심으로 가로와 세로에 있는 세 수들의 합은 서로 같다. [그림 5-2]에서 보는 바와 같이 42를 선택하였다면 42를 중심으로 가로로 세 수 41, 42, 43의 합은 $42 \times 3 = 126$이고, 세로로 세 수 29, 42, 55의 합은 $42 \times 3 = 126$으로 서로 같다. 이런 규칙을 이용한 마술을 만들 수 있을 것이다.

나만의 마술

1. 다음 수 배열표를 이용한 마술을 만들어 보시오.

2	4	6	8	10
12	14	16	18	20
22	24	26	28	30
32	34	36	38	40
42	44	46	48	50

달력마술 2 (4일~7일의 합)

 수 배열표(달력 등)에서 연속적인 수들의 합을 이용하는 마술인데 4일 이상의 날짜를 알아맞히는 마술입니다.

일	월	화	수	목	금	토
					1	2
3	4	5	6	7	8	9
10	11	12	13	14	15	16
17	18	19	20	21	22	23
24	25	26	27	28	29	30
31						

(임의의 달력을 제시하고, 눈을 가린다) 여러분이 마음대로 연속적인 4일에 표시를 하세요. 4일 날짜를 모두 더해주세요. 합이 얼마인지 말해주면 며칠부터인지 알아맞히겠습니다.

(19+20+21+22=82)
82입니다.

(음. 82를 4로 나누면 몫은 20이다. 그렇다면 둘째 수가 20이고, 첫째 수는 19일이야.)

첫째 날은 19일입니다.

연속된 세 수의 합을 알면 그 수들을 즉각 알아낼 수 있는 마술을 math magic 5-1에서 설명하였다. 이번에는 연속된 네 수의 합을 이용한 마술인데 같은 원리를 이용한 것이다. 네 수의 합은 82이므로 이를 4로 나누면 몫은 20이고 나머지는 무시한다. 20은 둘째 수이다. 따라서 첫째 수는 19, 셋째 수는 21, 넷째 수는 22이다.

연속된 네 수~일곱 수까지의 합에 대하여 알아보자.

1) 연속된 4개 수 알아맞히기

임의의 네 수를 $(n-1)$, n, $(n+1)$, $(n+2)$라고 하면, 이 들의 합은 $(n-1)+n+(n+1)+(n+2)=4n+2$이다. 합 $4n+2$를 4로 나누면 몫은 n이고, 이것은 둘째 수이다. 둘째 수를 알면 나머지 수들을 즉각적으로 알 수 있다.

이 규칙은 달력뿐만 아니라 임의의 수 배열표에서도 적용된다.

28	29	30	31	32	33	34	35	36
41	42	43	44	45	46	47	48	49
54	55	56	57	58	59	60	61	62
67	68	69	70	71	72	73	74	75

[그림5-3]

[그림 5-3]은 주기가 13인 수 배열표의 일부이다. 표시된 55, 56, 57, 58의 합은 226이고, 이를 4로 나누면 몫이 56이다. 따라서 둘째 수는 56

이고, 첫째 수는 55, 셋째 수는 57, 넷째 수는 58임을 알 수 있다.

2) 연속된 5개 수 알아맞히기

연속된 5개 수를 $(n-2)$, $(n-1)$, n, $(n+1)$, $(n+2)$라고 하면 이들의 합은 $5n$이다. 따라서 합을 5로 나누면 n은 가운데 수이다. 예를 들어, 연속된 수 9, 10, 11, 12, 13이라면 이 수들의 합은 55이다. $55 \div 5 = 11$이므로 가운데 수는 11이고 첫째 수는 9, 둘째 수는 10, 넷째 수는 12, 다섯째 수는 13이다.

3) 연속된 6개 수 알아맞히기

연속된 6개 수를 $(n-2)$, $(n-1)$, n, $(n+1)$, $(n+2)$, $(n+3)$이라고 하면 이들의 합은 $6n+3$이다. 합을 6으로 나누면 몫은 n이고 나머지는 3이다. 따라서 셋째 수는 n이다. 예를 들면, 어느 여섯 날짜의 합이 165라면 $165 \div 6 = 27$ r 3이다. 따라서 셋째 수는 27이고 첫째 수는 25, 둘째 수는 26이고, 마지막 수는 30임을 알 수 있다.

4) 연속된 7개 수 알아맞히기

연속된 7개의 수를 $(n-3)$, $(n-2)$, $(n-1)$, n, $(n+1)$, $(n+2)$, $(n+3)$이라고 하면 이들의 합은 $7n$이다. 이 수를 7로 나누면 몫이 n이다. 따라서 가운

데 수는 n이고, 첫째 수는 $n-3$이고 마지막 수는 $n+3$이다.

다른 방법이 있는데 합에서 21을 빼고 7로 나누었을 때 몫이 첫째 수가 된다. 예를 들어, 7개 수의 합이 406이라고 하면 406-21=385, 385÷7=55이다. 따라서 첫째 수는 55이고 마지막 수는 61이다.

연속된 자연수의 합을 구하거나 합을 이용하여 수를 구하는 방법은 매우 다양하지만 여기에서는 암산으로 빨리 해결할 수 있는 방법을 제시한 것이다.

1)~4)의 결과를 바탕으로 연속된 수들의 합을 알면 어느 수부터 어느 수까지의 합인지 알아맞히는 마술의 원리를 일반화할 수 있다.

1) 연속된 수가 k(홀수)개인 경우

연속된 수 k개의 합을 s라고 하면 s=kn이다.

$$S = \cdots +(n-3)-(n-2)+(n-1)+n+(n+1)+(n+2)+(n+3)+ \cdots$$
$$\underbrace{\qquad\qquad\qquad\qquad\qquad}_{k개}$$
$$= \cdots +(n-3)-(n-2)+(n-1)+n+(n+1)+(n+2)+(n+3)+ \cdots$$
$$= kn$$

따라서 연속된 수들의 합을 k로 나누면 몫은 가운데 수 n을 나타내고, 첫째 수는 $n- \dfrac{k-1}{2}$이고, 마지막 수는 $n+ \dfrac{k-1}{2}$이다.

2) 연속된 수가 k(짝수)개인 경우

연속된 수 k개의 합을 s라고 하면 $s=kn+\dfrac{k}{2}$이다.

$$S = \cdots +(n-3)-(n-2)+(n-1)+n+(n+1)+(n+2)+(n+3)+ \cdots$$

k개

$$= \cdots +(n-3)-(n-2)+(n-1)+n+(n+1)+(n+2)+(n+3)+ \cdots$$
$$= kn+\dfrac{k}{2}$$

따라서 연속된 수들의 합을 k로 나누면 몫이 n이고 나머지가 $\dfrac{k}{2}$이다.
n은 째의 수이고, 첫째 수는 $n-\dfrac{k}{2}+1$이고 마지막 수는 $n+\dfrac{k}{2}$이다.

나만의 마술

1. 7개 연속된 수의 합에 대한 성질을 이용하여 어느 한 주일의 날짜를 알 아맞히는 마술을 만들어 보시오.

2. 연속된 짝수의 합에 대한 성질을 알아보고, 이를 이용한 마술을 만들어 보시오.

달력마술 3 (정사각형의 수)

 달력에서 정사각형 안에 있는 수들의 합을 알려주면 어떤 수들인지 알아맞히는 마술입니다.

일	월	화	수	목	금	토
				1	2	3
4	5	6	7	8	9	10
11	12	13	14	15	16	17
18	19	20	21	22	23	24
25	26	27	28	29	30	31

(임의의 달력을 제시하고, 눈을 가린다) 여러분이 마음대로 가로 2일, 세로 2일을 정사각형으로 표시해주세요. 4일 날짜의 합이 얼마인지 말해주면 바로 며칠인지 알아맞히겠습니다.

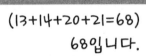

(13+14+20+21=68)
68입니다.

(68÷4=17, 17-4=13,
첫째 날이 13일이군.)

음, 13일, 14일, 20일, 21일입니다.

합을 4로 나누고, 4를 빼면 첫째 날이다. 즉, 68÷4=17, 17-4=13이므로 첫째 날은 13일이고 둘째 날은 14일, 셋째 날은 13+7=20일, 넷째 날은 21이다.

다른 방법도 있는데 합에서 16을 빼고, 4로 나누어도 된다. 즉, 68-16=52, 52÷4=13이므로 첫째 날은 13일이다.

왜 그렇게 되는지 알아보자.

첫째 날을 n일이라고 하면 4일은 n, n+1, n+7, n+8이다. 이를 모두 더하면 4n+16이다. 따라서 합을 알면 역연산을 이용하여 2가지 방법으로 n을 구할 수 있다.

달력이 아닌 임의의 수 배열표에서도 이 원리가 적용되는지 알아보자.

28	29	30	31	32	33	34	35	36
41	42	43	44	45	46	47	48	49
54	55	56	57	58	59	60	61	62
67	68	69	70	71	72	73	74	75

[그림 5-4]

수 배열표를 보고 주기가 얼마인지를 알아야 한다. 28 다음 줄의 수가 41이므로 주기는 13임을 알 수 있다. 임의의 수 n을 선택하였다면 4개의 수는 n, n+1, n+13, n+14이고, 그들의 합은 4n+28이다. 합이 156이므로 156-28=128, 128÷4=32이다. 또는 156÷4=39, 39-7=32이다. 따라서 첫째 수는 32이고, 둘째 수는 33, 셋째 수는 32+13=45, 넷째 수는 46이다.

수 배열표에서 4개 수의 합 항상 4n+x로 나타낼 수 있다. x는 수 배열표의 주기에 따라 다르다. x를 구하는 방법을 생각해보자. 주기가 p인 수 배열표에서 임의의 수 n을 선택했다면 4개의 수는 n, n+1, n+p, n+p+1 이고, 이들의 합은 4n+2(p+1)이다. 따라서 주기가 p=7인 달력에서는 임의의 4개 수의 합은 4n+2(7+1)=4n+16이므로 x=16이고, p=13인 수 배열표에서 4개 수의 합은 4n+2(7+1)=4n+28이므로 x=28이다.

좀 더 간단히 계산하는 방법은 주기 p=13이므로 p+1=14, 14÷2=7이므로 4개 수의 합을 4로 나누고, 7을 빼면 첫째 수를 구할 수 있다. 주기 p=7인 달력에서는 (p+1)÷2=4이므로 4개 수의 합을 4로 나누고, 4를 빼면 첫째 수를 구할 수 있다.

1) 3×3인 날 알아맞히기

수 배열표에서 임의로 가로 3일, 세로 3일을 선택하고 합을 알면 9일이 쉽게 며칠인지 알 수 있다. 우선 주기가 7인 달력에서 알아보자.

일	월	화	수	목	금	토
		1	2	3	4	5
6	7	8	9	10	11	12
13	14	15	16	17	18	19
20	21	22	23	24	25	26
27	28	29	30	31		

[그림 5-5]

정사각형 모양의 수 배열에서는 대각선에 있는 수들의 합은 같다는 원리를 이용하는 것이 편리하다. 임의로 선택한 날을 n이라고 하면, n을 중심으로 9개 수는 다음과 같다.

$$n-8 \quad n-7 \quad n-6$$
$$n-1 \quad n \quad n+1$$
$$n+6 \quad n+7 \quad n+8$$

9개 수들의 합은 9이므로 합을 9로 나누면 몫은 가운데 수이다. [그림 5-5]에서 9개 수의 합은 144이므로 144÷9=16이다. 따라서 가운데 수는 16이고, 첫째 수는 8, 둘째 수는 9,……, 아홉째 수는 24임을 알 수 있다.

이번에는 달력은 아니지만 주기가 7인 수 배열표에서 가로 5일, 세로 5일인 정사각형에 있는 수들의 합을 알면 그 수들이 어떤 수들인지 알아내는 방법을 알아보자.

12	13	14	15	16	17	18
21	22	23	24	25	26	27
30	31	32	33	34	35	36
39	40	41	42	43	44	45
48	49	50	51	52	53	54

[그림 5-6]

[그림 5-6]과 같이 가로 5일, 세로 5일인 정사각형에 있는 수들을 선택

하였다고 하자. 정사각형에 있는 25개 수들의 합을 구하면 825이다. 따라서 825÷25=33이므로 가운데 수는 33임을 알 수 있고, 첫째 수는 33-20=13이고, 마지막 수는 33+20=53이다.

2) 2×3인 날 알아맞히기

직사각형 모양에서는 한 가운데에 있는 날이 없으므로 대각선의 합을 이용할 수 없다.

주기가 p인 수 배열표에서 임의의 2×3인 직사각형 모양의 안에 있는 수들과 그들의 합에 대하여 알아보자.

첫째 수(가장 작은 수)를 n이라고 하면 6개의 수와 그들의 합은 다음과 같다.

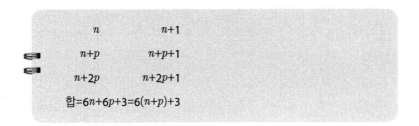

$$n \qquad n+1$$
$$n+p \qquad n+p+1$$
$$n+2p \qquad n+2p+1$$
$$합=6n+6p+3=6(n+p)+3$$

따라서 합에서 3을 빼고 6으로 나누고, 몫에서 주기 p를 빼면 첫째 수 n을 구할 수 있다.

[그림 5-7]과 같은 수 배열표가 있다. 수 배열표에서 임의로 선택한 가로 2, 세로 3인 직사각형 모양 안에 있는 수들의 합이 141이라면 어떤 수들인지 알아보자.

7	8	9	10	11	12	13
15	16	17	18	19	20	21
23	24	25	26	27	28	29
31	32	33	34	35	36	37

7	8	9	10	11	12	13
15	16	17	18	19	20	21
23	24	25	26	27	28	29
31	32	33	34	35	36	37

[그림 5-7]

먼저 수 배열표를 보고 주기를 알아야 한다. 주기는 15-7=8이고, 합이 141이므로

141-3=138

138÷6=23

23-8=15

따라서 첫째 수는 15, 둘째 수는 16, 셋째 수는 23, ……, 마지막 수는 32이다.

[그림 5-7]에서 가로 2, 세로 3인 정사각형 안에 있는 수들의 합이 171이라면 직사각형 안의 첫째 수(가장 작은 수)는 얼마인가? 암산으로 바로 계산할 수 있을 것이다.

171-3=168

168÷6=28

28-8=20

첫째 수는 20이고, 둘째 수는 21, 셋째 수는 28, …, 마지막 수는 37이다.

이 원리를 달력에 적용하여 보자. 학생들에게 서로 다른 달력을 나누어 주고 가로 2일, 3일이 되도록 직사각형을 그리게 한다. 직사각형 안에는 숫자가 6개 있음을 확인하고, 수를 모두 더하게 한다. 합을 말해주면 어떤 수인지 알아맞히겠다고 말한다.

A학생은 합이 135라고 하였다. 마술사는 암산으로 135-3=132, 132÷6=22, 22-7=15임을 계산하고 첫째 날은 15일이라고 대답하고 확인한다.

B학생은 합이 81이라고 하였다. 마술사는 암산으로 81-3=78, 78÷6=13, 13-7=6임을 계산하고 첫째 날이 6일이라고 알아맞힌다.

이 원리를 좀 더 일반화하여 보자.

주기가 p인 수 배열표에서 가로가 2이고 세로가 k인 직사각형 안에 있는 수들의 합이 s이라면 첫째 수를 알아보자

2	
n	$n+1$
$n+p$	$n+p+1$
$n+2p$	$n+2p+1$
$n+3p$	$n+3p+1$
---------	---------
$n+2(k-1)p$	$n+2(k-1)p+1$

(세로 왼쪽에 k 표시)

직사각형 안에 있는 수는 모두 $2k$개이고, 그들의 합 $s=2kn+2kp+k=2k(n+p)+k$이다. 따라서 합에서 k를 빼고, $2k$로 나눈 다음에

몫에서 주기 p를 빼면 첫째 수를 구할 수 있다. 예를 들면, 주기가 10인 수 배열표에서 가로 2, 세로 8인 직사각형 안에 있는 수를 모두 더했더니 296이었다면 첫째 수(가장 작은 수)는 8이다.

$$296=2 \cdot 8(n+10)+8$$

$$296-8=288$$

$$288 \div 16=18$$

$$18-10=8$$

3) 3×2인 날 알아맞히기

주기가 p인 수 배열표에서 가로 3, 세로 2인 직사각형 안에 있는 수들에 대하여 알아보자.

가장 작은 수를 n이라고 하면 6개 수와 그들의 합은 다음과 같다.

$$n, \qquad n+1, \qquad n+2,$$
$$n+p, \qquad n+p+1, \qquad n+p+2$$

합$=n+(n+1)+(n+2)+(n+p)+(n+p+1)+(n+p+2)$

$\qquad =6n+3p+6$

$\qquad =6(n+1)+3p$

따라서 합을 알면 합에서 주기의 3배를 빼고, 6으로 나눈 다음, 몫에서 1을 빼면 첫째 수 n을 구할 수 있다.

[그림 5-8]과 같은 수 배열표가 있다. 가로 3, 세로 2인 직사각형 안에 있는 수들의 합이 99라면 어떤 수들인지 알아보자

7	8	9	10
12	13	14	15
17	18	19	20

[그림 5-8]

주기가 5이고, 합이 99라고 하였으므로 암산으로 다음과 같이 구한다.

$$99 - 5 \times 3 = 84$$

$$84 \div 6 = 14$$

$$14 - 1 = 13$$

첫째 수는 13이고, 둘째 수는 14, 셋째 수는 15이고, 마지막 수는 20이다.

이 원리를 주기가 7인 달력에 적용하여 보자.

학생들에게 서로 다른 임의의 달력을 나누어 준다. 달력에 마음대로 가로 3일, 세로 2일인 직사각형을 그리게 하고, 그 안에 있는 수들이 6개임을 확인한다. 6개 수를 모두 더하여 합을 말해주면 어떤 수인지 알아맞히겠다고 말한다.

A학생이 81이라고 하면 마술사는 암산으로 계산한다. 계산이 복잡할 경우에는 잠깐 연필을 사용해도 좋다.

$81-7\times3=60$

$60\div6=10$

$10-1=9$

첫째 날은 9일이므로 둘째 날은 10일, 셋째 날은 11일, 넷째 날은 16일, 다섯째 날은 17일, 여섯째 날은 18일이라고 대답해준다.

B학생이 141이라고 말하면 마술사는 암산으로 $141-7\times3=120$, $120\div6=20$, $20-1=19$임을 계산하고 첫째 날은 19일이라고 대답한다.

일	월	화	수	목	금	토
		1	2	3	4	5	6
7	8	9	10	11	12	13
14	15	16	17	18	19	20
21	22	23	24	25	26	27
28	29	30	31			

일	월	화	수	목	금	토
					1	2
3	4	5	6	7	8	9
10	11	12	13	14	15	16
17	18	19	20	21	22	23
24	25	26	27	28	29	30

이 원리를 좀 더 일반화하여 보자.

주기가 p인 수 배열표에서 가로가 k이고 세로가 2인 직사각형 안에 있는 수들의 합이 s라면 첫째 수를 알아보자.

k						
2	n	n+1	n+2	n+3	⋮	n+k−1
	n+p	n+p+1	n+p+2	n+p+3	⋮	n+p+k−1

직사각형 안에 있는 수는 모두 2k개이고, 그들의 합 $s=2kn$ $+kp+2k=2k(n+1)+kp$이다. 따라서 합에서 kp를 빼고, 2k로 나눈 다음에 몫에서 1을 빼면 첫째 수를 구할 수 있다. 예를 들어, 주기가 9인 수 배열 표에서 가로가 6, 세로가 2인 직사각형 안에 있는 수들의 합이 180이라 면 첫째 수는 6이다.

$$138=2\cdot6(n+1)+6\cdot9$$
$$138-54=84$$
$$84\div12=7$$
$$7-1=6$$

나만의 마술

1. 달력에서 3×2인 날을 알아맞히는 마술을 만들어 보시오.

2. 일정한 규칙에 배열된 수 배열표에서 4×4인 정사각형 안에 있는 수를 알아맞히는 마술을 만들어 보시오.

달력마술 4 (선택한 날짜의 합 1)

 달력에서 마음대로 선택한 날짜의 합을 알아 맞히는 마술입니다.

일	월	화	수	목	금	토
	1	2	3	4	5	6
7	8	9	10	11	12	13
14	15	16	17	18	19	20
21	22	23	24	25	26	27
28	29	30				

일	월	화	수	목	금	토
	1	2	3	4	5	6
7	8	9	10	11	12	13
14	15	16	17	18	19	20
21	22	23	24	25	26	27
28	29	30				

(임의의 달력을 나누어 준다. 마술사는 셋째 수요일이 며칠인지 확인하고 뒤돌아선다) 여러분이 어떤 수를 선택하는지 마술사는 알 수 없습니다. 여러분이 수를 선택하는 데 마술사는 어떤 영향도 줄 수 없습니다. 몇 주가 있습니까?

4주 있습니다.

여러분이 각 주에서 마음대로 한 수를 선택하면 그 수들의 합이 얼마인지 알아맞히겠습니다.

첫째 주부터 다섯째 주까지 각 주에서 가장 좋아하는 수에 동그라미 표시를 하세요. 물론 같은 요일의 수를 선택하여도 됩니다.

(첫째 주에서 6, 둘째 주에서 10, 셋째 주에서 15, 넷째 주에서 25, 다섯째 주에서 29를 선택하고 동그라미 표시한다.)

동그라미 표시한 수는 5개이지요? 몇 가지만 질문하겠습니다. 동그라미 표시한 것 중에서 일요일은 있습니까?

없습니다.

월요일은 있습니까?

2개 있습니다.

같은 방법으로 토요일까지 물어본다)
(음, 토요일은 +3, 수요일이면 0, 월요일이 2번이니까 -4, 목요일은 +1 그렇다면 85+3-4+1=85) 여러분이 동그라미 표시한 수들의 합은 85입니다.

달력을 이용한 마술 중에서 가장 재미있으며, 방법이 기발하다. 학생들에게 임의의 달력을 나누어주고, 각 주마다 가장 좋아하는 숫자에 동그라미 표시를 하게 한다. 요일이 중복되어도 된다. 표시된 수의 합을 구하게 한다. 그리고 각 요일에 표시된 동그라미가 몇 개인지 묻는다.

이 마술을 시작하기 전에 마술사는 셋째 주의 수요일이 며칠이고, 몇 주가 있는 달력인지를 알아야 한다. 위의 마술에서 3주 수요일은 17이므로 17×5=85임을 기억해둔다.

각 요일마다 동그라미 표시된 개수를 차례로 물으면서 다음과 같이 암산한다.

일	월	화	수	목	금	토
-3	-2	-1	0	1	2	3

월요일에 동그라미 표시가 2개 이므로 85-4=81, 수요일은 0이므로 계산할 필요가 없다. 목요일이 1개이므로 81+1=82, 토요일이 1개이므로 82+3=85이다. 따라서 동그라미 표시한 수들의 합은 85이다.

각 주마다 임의로 수 1개를 선택한 수 5개의 합을 알아맞혔다는 것에 학생들은 매우 놀라고 신기하게 생각할 것이다.

[그림 5-9]와 같은 달력에서 목요일에만 동그라미를 5개 표시하였다면 합이 얼마인지 알아보자.

일	월	화	수	목	금	토
		1	2	(3)	4	5
6	7	8	9	(10)	11	12
13	14	15	16	(17)	18	19
20	21	22	23	(24)	25	26
27	28	29	30	(31)		

[그림 5-9]

셋째 주 수요일은 16일이고, 5주가 있으므로 $16 \times 5 = 80$을 기억한다. 목요일에만 4개 표시되었으므로 80에 $1 \times 5 = 5$를 더하면 85이다. 수요일에만 표시하였다면 합은 80이고, 마술사를 매우 편하게 만들어 준다.

대부분 달력이 요일을 일요일부터 시작하지만 만약에 [그림 5-10]처럼 월요일부터 시작하는 달력이라면 셋째 주 목요일을 기준으로 생각해야 한다.

월	화	수	목	금	토	일
		1	2	3	4	5
6	7	8	9	10	11	12
13	14	15	16	17	18	19
20	21	22	23	24	25	26
27	28	29	30	31		

[그림 5-10]

월	화	수	목	금	토	일
-3	-2	-1	0	1	2	3

달력이 아닌 수 배열표에서도 위와 같은 마술이 가능한지 알아보자. 가운데 수를 결정해야 하는데 가운데 수는 가로 열과 세로 줄에서 중심에 위치해야 한다. 가로 열에서 중심이 되려면 가로 열과 세로 줄의 수가 홀수라야 한다. 왜냐하면, 가운데 수를 0으로 하고, 왼쪽으로 갈수록 -1, -2, -3,…으로 계산하고, 오른쪽으로 갈수록 +1, +2, +3,…으로 계산해야 하기 때문이다.

-1	0	1

-2	-1	0	+1	+2

-4	-3	-2	-1	0	+1	+2	+3	+4

예를 들어, 다음과 같은 수 배열표에서 동그라미로 표시된 수를 선택하였다고 하면 가운데 수가 14이고 5열이므로 14×5=70임을 먼저 알아둔다.

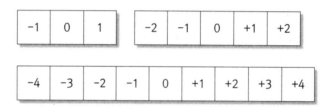

가운데 줄을 중심으로 왼쪽으로 첫째 수가 3개 이므로 -3, 오른쪽으로 첫째 수가 1개 이므로 +1이다. 따라서 동그라미로 표시된 수들의 합은 70-3+1=68임을 알 수 있다.

이번에는 5의 배수인 수 배열표에서 마술이 적용되는 것을 알아보자.

5	10	15	20	25
30	35	40	45	50
55	60	65	70	75
80	85	90	95	100
105	110	115	120	125

가운데 수가 65이고 5열이므로 65×5=325임을 알아둔다. 위와 같이 가운데 줄을 중심으로 왼쪽으로 첫째 수가 1개, 둘째 수가 2개이고, 오른쪽으로 첫째 수가 1개, 둘째 수가 2개를 선택하였다면, 표시된 수들의 합은 325+(-1×5-2×5+1×5+2×5)=335이다.

나만의 마술

1. 2월 달력에서도 위의 마술이 적용되는지 알아보시오.
2. 9×3인 직사각형에 짝수를 배열한 수 배열표를 이용한 마술을 만들어 보시오.

난 이미 알고 있다

 수 배열표에서 여러분이 마음대로 선택한 수들의 합을 미리 알아맞히는 마술입니다.

(4×4인 임의의 수 배열표를 나누어 준다.) 가로 4, 세로 4인 수 배열표가 있습니다. 여러분들이 각 줄에서 수를 마음대로 수를 4개 선택할 것입니다. 여러분이 선택한 수들의 합을 미리 예상하여 맞히겠습니다.

12	13	14	15
20	21	22	23
28	29	30	31
36	37	38	39

답을 미리 적어놓겠습니다(종이에 102를 쓰고 접어 놓는다)
16개 수 중에서 가장 좋아하는 수 1개에 동그라미 표시를 하세요.

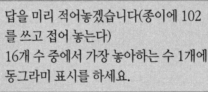

(30에 동그라미 표시한다)

30이 속해있는 가로와 세로의 숫자를 지우세요.

12	13	14	15
20	21	22	23
28	29	⟨30⟩	31
36	37	38	39

남은 수 중에서 좋아하는 수 1개에 동그라미 표시를 하세요. 같은 방법으로 그 수가 속해있는 가로와 세로에 있는 수를 지우세요.

(20에 동그라미 표시를 하고, 수를 지운다)

12	13	14	15
(20)	21	22	23
28	29	(30)	31
36	37	38	39

12	13	14	15
(20)	21	22	23
28	29	(30)	31
36	37	38	(39)

12	(13)	14	15
(20)	21	22	23
28	29	(30)	31
36	37	38	(39)

남은 수는 몇 개인가요?

4개 남았습니다.

남은 수중에서 좋아하는 수 1개에 동그라미 표시를 하고, 같은 방법으로 수를 지우세요.

(39를 선택하고, 수를 지운다)

이제 수가 1개 남았지요? 그 수에 동그라미 표시를 하세요. 수 4개를 더하면 합이 얼마일까요? 자, 여기 답을 미리 써 놓았습니다.(답을 적은 종이를 펼쳐 보인다. 102) 답이 맞는지 확인해보세요.

각 행과 열에서 수를 1개만 선택하였을 때 그들의 합을 알아내는 마술이다. 학생들이 수를 마음대로 선택하는 데 합을 미리 알아맞힌다는 것은 학생들에게 큰 호기심이자 놀라움일 것이다. 각 행과 열에서 수를 1개만 선택한 4개 수의 합은 대각선에 있는 수의 합과 같기 때문에 이와 같은 마술이 가능한 것이다.

이에 대한 수학적 원리를 알아보자.

			+3
12	13	14	15
20	21	22	23
28	29	30	31
36	37	38	39

[그림 5-11]

12	13	14	15
20	21	22	23
28	29	30	31
36	37	38	39

[그림 5-12]

[그림 5-11]에서 15는 대각선에 있는 수 12보다 3이 크고, 20은 21보다, 또 29는 30보다, 38은 39보다 1 작으므로 결국은 표시된 수들의 합은 대각선에 있는 수들의 합과 같다. 따라서 학생이 어떤 수를 선택하든지 4개 수의 합은 항상 대각선에 있는 수의 합과 같다.

[그림 5-12]처럼 대각선의 방향을 달리 하여도 15와 29는 대각선에 있으므로 0, 20은 대각선에 있는 수 22보다 2 작고, 38은 대각선에 있는 수 36보다 2 크므로 표시된 수들의 합은 대각선에 있는 수들의 합과 같다.

이 마술을 시연하기 앞서 마술사는 대각선의 합이 얼마인지 미리 알아두어야 한다. 대각선에 있는 수들의 합은 대각선의 맨 위 왼쪽에 있는 수와 맨 아래 오른쪽에 있는 수의 합을 2배하면 쉽게 구할 수 있다.

이런 수학적 원리는 직사각형이 아닌 정사각형 모양의 n×n인 수 배열표에서 적용된다. n이 짝수인 경우는 위의 마술에서 알아보았지만 n이 홀수인 경우에도 같이 적용되지만 대각선에 있는 수들의 합을 구하는 방법이 다르다.

예를 들어, 5×5인 임의의 수 배열표에서 [그림 5-13]과 같이 수를 선택하였다고 하자.

12	13	14	15	16	17	18
21	22	23	24	25	26	27
30	31	32	33	34	35	36
39	40	41	42	43	44	45
48	49	50	51	52	53	54

[그림 5-13]

대각선에 있는 수들의 합을 구하기 위해 (13+53), (23+43)와 같은 방법으로 짝지으면 가운데 수가 남게 되므로 짝끼리 더한 합에 가운데 수를 더하면 된다. [그림 5-13]에서 대각선에 있는 수들의 합은 (13+53)×2+33=165이므로 동그라미 표시된 수들의 합도 165이다.

나만의 마술

1. 7×7인 수 배열표에서 마술을 시연해보시오.

2. 짝수 또는 홀수인 수 배열표을 만들고, 마술을 시연해보시오.

자유자재 마방진

3000년 전 중국에서 전해내려 오는 마방진은 가로 3칸, 세로 3줄인 정사각형에 1부터 9까지의 수를 가로, 세로, 대각선에 있는 수들의 합이 같도록 배열한 것입니다. 마방진을 아주 쉽게 만드는 마술입니다.

마방진에 대해 잘 알고 있지요? 3×3인 마방진은 다음과 같이 여러 가지가 있습니다.

4	9	2
3	5	7
8	1	6

6	1	8
7	5	3
2	9	4

2	7	6
9	5	1
4	3	8

보통 마방진은 1부터 시작하지만 마술사는 어떤 수부터 시작하더라도 아주 쉽게 마방진을 만들 수 있습니다. 시작하는 수를 무엇으로 할까요?

9

9부터 시작하는 마방진을 만들겠습니다.
(9부터 시작하여 정사각형 안에 규칙에 따라 수를
써 넣는다)

16	9	14
11	13	15
12	17	10

답을 외웠다고요? 1부터 시작하는 마방진은 외울 수 있
다고 생각하지요. 그러나 마음대로 선택한 수부터 시작
하는 마방진은 외울 수 없지요. 그럼, 10부터 짝수만 사
용하여 마방진을 만들어 볼까요? (10부터 짝수만 사용
하여 3×3 마방진을 척척 만들어 보인다)

24	10	20
14	18	22
16	26	12

1. 마방진(魔方陣, magic square)

마방진, 또는 방진은 magic square를 번역한 것이다. 중국에서 먼저 만들어졌음에도 불구하고 이름은 서양식이다. 마방진은 자연수(또는 정수)를 가로 줄, 세로 줄, 대각선에 있는 수들의 합이 모두 같도록 정사각형으로 배열된 수를 말한다.

마방진은 약 3000년 전, 중국 하나라의 우왕 시대에 홍수가 나서 강을 정비하고 있는데 거북이가 나타났다. 거북이의 등에 [그림 5-14]와 같은 점이 그려져 있었다고 한다. 점의 개수를 수로 나타내면 오른쪽과 같다.

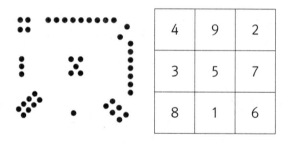

[그림 5-14]

가로 줄, 세로 줄, 대각선에 있는 수들의 합은 모두 15이다. 옛날에는 이것을 오행설과 관련지어 점성술로 이용하기도 하였다. 서양에서도 점성술로 이용되거나 마방진 부적을 만들기도 하였다.

중국 송나라(1275년)의 양휘산법(揚輝算法)에 처음으로 소개되었으며, 8×8 마방진까지 설명하고 있다. 명나라(1593년)의 산법통종(算法統宗)에는 10×10 마방진까지 소개되었다.

우리나라에서는 조선 숙종(1710년경) 때, 수학자 최석정의 구수략(九

數略)에 9×9 마방진을 소개하였는데 전체의 가로, 세로, 대각선의 합이 같을 뿐만 아니라 그 안에 3×3인 마방진도 가로, 세로, 대각선의 합이 같은 재미있는 마방진이다. 또, 육각형의 마방진도 소개하고 있다.

중국의 마방진은 15세기 비잔틴의 작가 모소플루스에 의해서 서양에 처음 소개되었으나 마방진을 만드는 방법은 동양보다 서양에서 먼저 발견되었는데 뒤러의 동판화 멜랑콜리아(1514)에 기록되어 있다.

16세기에 이르러 독일, 프랑스 등에서 마방진에 대한 연구가 시작되어 페르마, 오일러 등의 유명한 수학자들도 마방진에 대하여 연구하였다. 지금도 마방진에 대하여 연구하는 수학자가 많이 있다.

여러 가지 방법으로 마방진을 만들 수 있지만 여기에서는 아주 간단한 방법을 소개한다. 홀수 마방진(3×3, 5×5 등)을 만드는 방법과 짝수 마방진(4×4, 6×6 등)을 만드는 방법이 다르다. 먼저 홀수 마방진을 만드는 방법부터 알아본다.

2. 홀수의 마방진

3×3, 5×5, 7×7, …을 홀수 마방진…을 만드는 규칙은 다음과 같다.

- 규칙 1. 첫 수는 맨 윗줄 가운데에 쓴다.
- 규칙 2. 다음 수는 앞 수의 오른쪽 1칸, 위로 1칸에 쓴다. 단, 칸이 없을 때에는 가상적으로 만들어 쓴 다음, 반대 방향 맨 아래(위, 아래, 오른쪽, 왼쪽)의 칸으로 옮겨 쓴다.
- 규칙 3. 오른쪽 1칸, 위로 1칸에 이미 다른 수가 있을 때는 바로 아래 칸에 쓴다.

• 규칙 4. 오른쪽 1칸, 위로 1칸이 대각선에 있을 경우에는 바로 아래 칸에 쓴다.

위의 규칙에 따라 3×3 마방진을 만들어 보자.

1) 1은 맨 윗줄 가운데 쓴다.
2) 2는 1의 오른쪽 1칸, 위로 1칸에 써야 하는데 칸이 없으므로 그곳에 가상적으로 칸이 있다고 생각하고 쓴 다음에, 2를 반대 방향 맨 아래 칸에 쓴다.

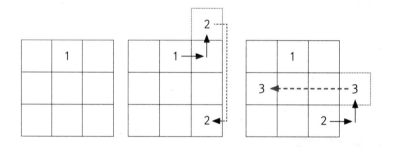

3) 3은 2의 오른쪽 1칸, 위로 1칸에 써야 하는데 칸이 없으므로 그곳에 가상적으로 칸이 있다고 생각하고 쓴 다음에, 3을 반대 방향 맨 왼쪽 칸에 쓴다.
4) 4는 3의 오른쪽 1칸, 위로 1칸에 써야 하는데 이미 1이 있으므로 규칙 3에 의하여 바로 아래 칸에 쓴다.
5) 5, 6은 규칙 2에 따라 오른쪽 1칸, 위로 1칸에 쓴다.
6) 7은 오른쪽 1칸, 위로 1칸에 써야 하는데 칸이 없고, 가상적인 칸이 대각선에 있으므로 규칙 4에 의하여 바로 아래 칸에 쓴다.

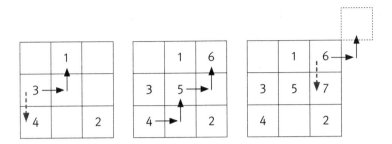

7) 8은 오른쪽 1칸, 위로 1칸에 써야 하는데 칸이 없으므로 가상적인 칸이 있다고 생각하고 쓴 다음에, 8을 반대 방향 맨 왼쪽에 쓴다. 같은 방법으로 9를 쓴다.

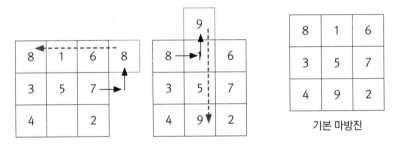

기본 마방진

위와 같이 만들어진 마방진이 가장 기본적인 형태이고, 이를 행과 열을 좌우, 상하로 바꾸거나 뒤집거나 돌리면 다른 형태의 마방진을 만들 수 있다. 단, 가운데 있는 수 5는 움직이지 않아야 한다.

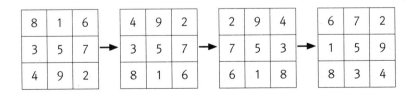

홀수 마방진 규칙에 따라 5×5인 마방진을 만들어 보시오

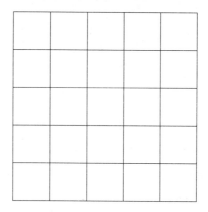

3. 짝수 마방진

짝수 마방진을 만드는 방법은 홀수와 완전히 다르다. 또, 4×4, 8×8과 같이 4의 배수가 되는 마방진을 만드는 방법은 비슷하지만 6×6인 마방진을 만드는 방법은 아주 독특하다.

짝수 마방진을 만드는 규칙은 다음과 같다.

- 규칙 1. 정사각형에 대각선.을 긋고, 대각선이 있는 칸에는 수를 쓰지 않고 건너뛰어 다음 수를 쓴다.
- 규칙 2. 대각선이 있는 곳에서는 거꾸로 세어서 쓴다. 수가 있는 칸에서는 건너뛰고 쓴다.

규칙에 따라 4×4 마방진을 만들어 보자.

1) 4×4 정사각형에 대각선을 긋는다.

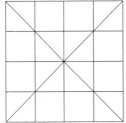 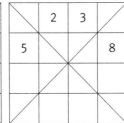 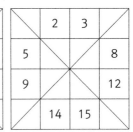

2) 첫째 수를 맨 윗줄부터 쓰기 시작하는데 대각선이 있는 곳에서는 수를 쓰지 않고 건너뛰어 쓴다. 1을 쓸 칸에 대각선이 있으므로 1은 건너뛴다. 2를 쓰고, 3을 쓴다. 4를 쓸 칸에 대각선이 있으므로 4는 건너뛴다. 같은 방법으로 마지막 칸까지 수를 쓴다.

3) 대각선이 있는 칸에 수를 써야 하는데 거꾸로 세어서 쓴다. 4×4인 마방진에서 마지막 수는 16이므로 맨 윗줄 왼쪽 칸에 16을 쓴다. 15를 쓸 칸에 수가 있으므로 건너뛰고, 14를 쓸 칸에도 수가 있으므로 건너뛰고, 대각선이 있는 곳에 13을 쓴다. 12는 건너뛰고, 11과 10을 쓴다.

16	2	3	13
5	11	10	8
9			12
	14	15	

16	2	3	13
5	11	10	8
9	7	6	12
4	14	15	1

16	2	3	13
5	11	10	8
9	7	6	12
4	14	15	1

4) 9를 쓸 곳에 수가 있으므로 건너뛰고, 8을 쓸 칸에도 수가 있으므로 건

너뛰고, 대각선이 있는 칸에 7, 6을 쓴다. 같은 방법으로 마지막 칸까지 수를 쓴다.

완성된 4×4 마방진에서 가로, 세로, 대각선에 있는 수들의 합은 모두 34임을 확인할 수 있다.

짝수 마방진에서는 재미있는 특징을 발견할 수 있다. 가운데에 있는 수 4개의 합도 34이고(11+10+7+6), 정사각형의 꼭짓점에 있는 수 4개의 합도 34이다(16+13+4+1). 또, 두 대각선에 있지 않은 4개의 합도 34이다(5+9+8+12, 2+3+14+15). 결국 1부터 16까지의 합은 34×4=136이다.

짝수 마방진 규칙에 따라 8×8 마방진을 만드시오.

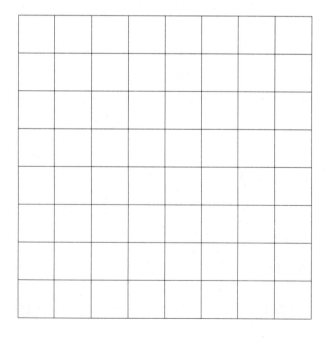

마술에 빠진 수학

4. 6×6 마방진

같은 짝수 마방진이지만 그 규칙이 적용되지 않고 복잡하고 독특한 절차에 의하여 만들 수 있다.

6×6 마방진을 만드는 절차는 다음과 같다.

1. 6×6인 정사각형을 3×3인 정사각형 4개로 분할한다.
2. 3×3 마방진을 1→4→2→3의 순서로 완성한다.
3. 8, 5, 4와 35, 32, 31을 서로 교환한다.

이 절차에 따라 6×6 마방진을 만들어 보자.

1) 6×6인 정사각형을 3×3인 정사각형 4개로 분할한다.
2) 1번 3×3 마방진을 홀수 마방진 규칙에 따라 완성한다.

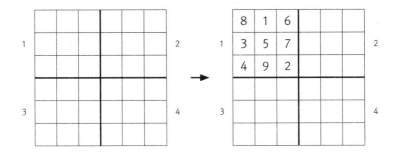

3) 4번 마방진을 같은 방법으로 완성한다. 1번 마방진이 9에서 끝났으므로 4번 마방진은 10부터 시작한다.
4) 2번 마방진을 완성한다. 4번 마방진이 18에서 끝났으므로 2번 마방진

은 19부터 시작한다.

5) 3번 마방진은 28부터 시작하고 완성한다.

8	1	6	26	19	24
3	5	7	21	23	25
4	9	2	22	27	20
			17	10	15
			12	14	16
			13	18	11

→

8	1	6	26	19	24
3	5	7	21	23	25
4	9	2	22	27	20
35	28	33	17	10	15
30	32	34	12	14	16
31	36	29	13	18	11

5) 마지막으로 8, 5, 4를 35, 32, 31로 각각 교환한다. 8↔35, 5↔32, 4↔31

8	1	6	26	19	24
3	5	7	21	23	25
4	9	2	22	27	20
35	28	33	17	10	15
30	32	34	12	14	16
31	36	29	13	18	11

→

35	1	6	26	19	24
3	32	7	21	23	25
31	9	2	22	27	20
8	28	33	17	10	15
30	5	34	12	14	16
4	36	29	13	18	11

1~36까지의 합은 666이므로 각 행, 열의 합은 111이다. 물론 대각선의 합도 111이다.

완성된 6×6 마방진의 특징을 찾아보자.

1) 짧은 대각선에 있는 수의 합은 111이다.

(35, 32, 2, 33, 5, 4), (24, 23, 22, 17, 14, 11)

2) 1번 3×3 마방진 각 행의 합은 42로 4번 3×3 마방진의 것과 같다.

　(35, 1, 6), (3, 32, 7), (17, 10, 15), (12, 14, 16) 등

3) 2번 3×3 마방진 각 행의 합은 69로 3번 3×3 마방진의 것과 같다.

　(26, 14, 24), (21, 23, 25), (8, 28, 33), (4, 36, 29) 등

4) 추가

나란의 마술

1. 5부터 시작하는 마방진을 만들어 보시오. 시작하는 곳을 다양하게 하
면 보는 사람들의 호기심을 더 자극할 수 있다.

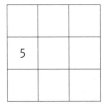 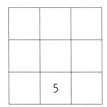 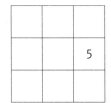

마방진의 신(神)

 마방진을 여러분들이 원하는 대로 만들고, 대각선의 합이 얼마인지 미리 알아
맞히는 마술입니다.

3 X 3 마방진

4 X 4 마방진

5 X 5 마방진

여러분이 마음대로 두 자리 수를 말해주세요. 그 수부터 시작하는 마방진을 아주 쉽게 만들어 보여주겠습니다. 3×3 마방진뿐만 아니라 4×4 마방진, 5×5마방진까지 만들 수 있습니다. 또, 합이 얼마인지도 미리 알아맞히겠습니다. 자, 어떤 수부터 시작할까요?

25

25로 시작하는 마방진을 만들기 전에 대각선의 합이 얼마인지 미리 예상하겠습니다. (종이에 87, 130, 360을 쓰고 접어 학생에게 주면서) 이 종이에 대각선의 합이 얼마인지를 미리 적어 놓았습니다. 나중에 확인하여 봅시다.

앞에서 익힌 마방진 만드는 방법을 이용하여 25부터 시작하는 3×3, 4×4, 5×5 마방진을 능숙하게 만든다. 6×6 마방진을 절차가 복잡하지만 충분히 숙달되었다면 시연할 수 있다.

홀수 마방진의 규칙, 짝수 마방진의 규칙을 상기하면서 3×3 마방진부터 만든다.

32	25	30
27	29	31
28	33	26

3×3 마방진

40	26	27	37
29	35	34	32
33	31	30	36
28	38	39	25

4×4 마방진

41	48	25	32	39
47	29	31	38	40
28	30	37	44	46
34	36	43	45	27
35	42	49	26	33

5×5 마방진

각 행과 열, 대각선의 합을 구하는 방법은 마방진마다 다르다.

1) 3×3 마방진: 첫째 수×3+12

전체 합: $n+(n+1)+\cdots+(n+8)=9n+36$

한 행의 합: $(9n+36)\div3=3n+12$

2) 4×4 마방진: 첫째 수×4+30

전체 합: $n+(n+1)+\cdots+(n+15)=16n+120$

한 행의 합: $(16n+120)\div4=4n+30$

3) 5×5 마방진: 첫째 수×5+60

전체 합: $n+(n+1)+\cdots+(n+24)=25n+300$

한 행의 합: $(25n+300)\div5=5n+60$

25부터 시작하였으므로 3×3 마방진의 경우, 대각선의 합은 87이고, 4×4 마방진의 경우, 대각선의 합은 130, 5×5 마방진의 경우, 대각선의 합은 360이다. 각 행과 열, 대각선의 합을 구하는 공식을 미리 알아두었다가 미리 답을 종이에 적는다.

나만의 마술

1. 10부터 짝수만 이용하여 5×5 마방진을 만들고, 합을 미리 예상해보시오.

2. 대각선의 합이 33인 3×3 마방진을 만들어 보시오.

제 6 장

여러 가지 마술

마술의 소재는 다양하고 새롭게 개발되기도 하지만 수학마술에서 주로 사용되는 소재는
주사위, 카드, 성냥개비 등이다. 주사위는 숫자가 규칙적으로 배열되어 있기 때문에 그것을
이용하는 마술이 개발되었는데 주사위, 성냥개비, 수 카드 등을 이용한 마술에 대하여
알아보자.

주사위 눈의 합

 주사위를 한 줄로 쌓았을 때, 보이지 않는 눈의 합이 얼마인지 빨리 알아맞히는 마술입니다.

(뒤돌아서서 주사위를 보지 않는다) 주사위 5개를 한 줄로 쌓으세요. (앞을 본다. 맨 위의 눈이 얼마인지 본다. 이리저리 보아도 보이지 않은 면은 몇 개입니까?

9개입니다.

보이지 않는 면에 있는 수들의 합은 얼마일까요?

??

맨 윗면의 주사위 수는 무엇입니까?

5입니다.

마술사의 생각

주사위를 5개를 쌓았고 맨 윗면의 수가 5라고
했으므로 7×5=35. 35-5=30
음, 30이다.

"그럼, 보이지 않은 면에 있는
주사위 수의 합은 30입니다."

1. 주사위

인류가 주사위를 사용한 기원은 분명하지 않지만 고대 이집트, 그리스, 중국 등의 유물에서 주사위가 발견된 것으로 미루어 인류가 주사위를 사용한 역사는 매우 깊다고 할 수 있다. 기원 전 3000년경의 중국 선사시대 고분에서 주사위가 발견되었고, 이집트 왕조 시대의 유물에서도 주사위가 발견되었는데 놀라운 것은 발견된 주사위가 현재의 것과 같이 마주보는 면의 점이 (1, 6), (2, 5), (3, 4)로 합하면 7이라는 것이다.

우리나라에서는 1400년 전 축조된 신라 시대의 안압지에서 나무로 만든 14면체의 주령구(酒令具)라는 주사위와 상아로 만든 육면체 주사위가 출토되었다. 당시 주사위의 점의 위치는 반시계 방향이었으며, 눈의 모양은 지금의 주사위(⠂, ⠿)와 같고, 마주보는 면의 수는 7이다.

청자상감 주사위(출처: e뮤지엄, 국립중앙박물관)

인류는 처음에 동물의 관절뼈를 그대로 주사위로 사용하였으나 상아, 나무, 돌, 금속 등으로 주사위를 만들어 사용하였고, 지금은 거의 플라스틱으로 만들어 사용한다.

고대시대부터 현대에 이르기까지 주사위는 점술의 도구로 많이 이용되었다. 기원 전 49년 로마의 케사르는 "주사위는 던져졌다"라고 말하면서

루비콘 강을 건넜다는 고사도 있고, 현대에서는 물리학자 아인슈타인은 "신은 주사위를 던져서 우주를 움직이지 않는다"라는 유명한 말을 남겼는가 하면 이에 대하여 물리학자 스티븐 호킹은 "신은 주사위 던질 뿐만 아니라 주사위를 안 보이는 곳으로 던지기도 한다"라고 하였다. 이와 같이 주사위는 주로 점술이나 신탁(神託)의 도구로 사용되었다.

놀이와 점술의 도구로 사용되던 주사위는 근세에 이르러서는 도박의 도구 많이 사용되었다. 주사위가 도박으로 사용된 것은 주사위를 던졌을 때 각 면이 나올 가능성이 모두 같기 때문이다.

2. 주사위 눈

주사위의 면은 처음에는 1과 2, 3과 4, 5와 6이 서로 마주보는 면에 있었지만 지금은 1과 6, 2와 5, 3과 4 등 마주보는 면의 합이 7이 되도록 만들어져 있다. 또, 1, 2, 3의 순서는 시계방향과 반시계방향으로 된 2가지가 있는데 서양에서는 반 시계 방향이 표준이고, 동양에서는 시계 방향이 표준이다.

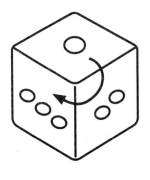

시계 방향 주사위

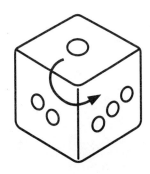

반시계 방향 주사위

3. Math Magic의 원리

주사위를 한 줄로 쌓았을 때 보이지 않는 면에 있는 주사위 수의 합을 알아맞히는 마술은 주사위 눈이 규칙에 따라 배열되었다는 것을 이용한 것이다. 즉, 주사위의 눈은 마주보면 면끼리 합하면 7이다. 주사위 5개를 한 줄로 쌓으면 마주보는 면은 5쌍이므로 눈의 합은 7×5=35이다. 따라서 보이지 않는 면의 눈의 합은 35에서 맨 윗면의 눈을 **빼**면 된다. 맨 윗면의 눈은 5라고 하였으므로 보이지 않는 면의 눈의 합은 35-5=30이다.

학생들이 주사위의 규칙을 깨닫게 하려면 주사위의 개수를 1개부터 시작하여 2개, 3개로 확장하는 것이 좋다.

1. 주사위 1개가 다음과 같았을 경우

보이지 않는 면에 있는 수는 6

2. 주사위 2개가 다음과 같았을 경우

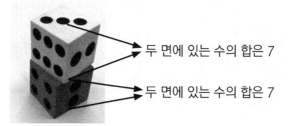

두 면에 있는 수의 합은 7

두 면에 있는 수의 합은 7

보이지 않는 면에 있는 수들의 합은 14-3=11

3. 주사위 3개가 다음과 같았을 경우

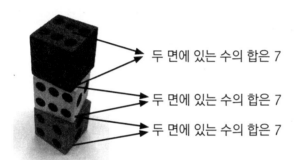

두 면에 있는 수의 합은 7

두 면에 있는 수의 합은 7

두 면에 있는 수의 합은 7

보이지 않는 면에 있는 수들의 합은 21-6=15

3. 주사위 n개를 쌓았을 경우, 보이지 않는 면에 있는 수들의 합은 7× n-맨 윗면의 수이다.

4. 주사위 게임과 확률

옛날부터 주사위를 사용한 게임은 많이 있었으며, 이런 게임이 도박으로 발전되었고, 확률이라는 수학 분야의 바탕이 되기도 하였다.

확률의 기초를 세운 이탈리아 수학자 Cardano는 가능성의 게임이라는 책에서 주사위를 던질 경우 1의 눈이 나올 확률은 $\frac{1}{6}$이지만 6회 던져도 1의 눈이 반드시 1회 나타난다고 할 수는 없다. 그러나 던지는 횟수를 증가시켜 6000회를 던지면 대체로 1000회 정도 1의 눈이 나타난다고 하였는데 이것은 큰 수의 법칙이라는 오늘날의 확률 개념을 적절하게 표현한 것이다.

물리학자이자 수학자인 Galilei는 주사위 3개를 던질 때 눈의 합이 9인 경우의 수와 10인 경우의 수가 같음에도 실제로 시행해보면 10이 되는 경우의 확률이 큰 이유는 무엇인가라는 질문에 대답하기 위하여 서로 색이 다른 주사위 3개를 던지는 반복 실험을 하였지만 이론적으로 경우의 수를 따지지 않았다고 한다. 이를 〈표 6-1〉과 같이 나타내면 합이 10인 경우의 수가 더 많으므로 반복 실험하면 10이 나올 확률이 약간 높음을 알 수 있다.

9인 경우	경우의 수
1, 2, 6	6
1, 3, 5	6
1, 4, 4	3
2, 2, 5	3
2, 3, 4	6
3, 3, 3	1
합	25

10인 경우	경우의 수
1, 3, 6	6
1, 4, 5	6
2, 2, 6	3
2, 3, 5	6
2, 4, 4	3
3, 4, 4	3
합	27

〈표 6-1〉 합이 9와 10인 경우의 수

프랑스의 물리학자이자 수학자인 Pascal은 도박사 de Mere가 제시한 문제 즉, 주사위 2개를 던져서 (6, 6)이 나오면 이기는 게임에서 이기려면 적어도 몇 번 이상 던져야 하는가를 해결하려고 하였다. 주사위 1개를 던지는 경우, 4회 던지면 6이 눈의 나올 확률이 $\frac{1}{2}$보다 크다는 것을 알고 있었으므로 2개를 던지게 되면 경우의 수가 1개를 던지는 경우의 6배가 되므로 6×4=24회 이상 던지면 유리하다고 생각하였다. 그러나, 1개를 던져 적어도 한 번 (6, 6)이 나올 확률은 $1-(\frac{5}{6})^4≒0.516$이 되어 $\frac{1}{2}$보다 크지만 주사위 2개를 24번 던지면 $1-(\frac{35}{36})^{24}≒0.491$이 되어 보다 작음을 알 수 있다. 따라서 25회 이상 던져야 유리하다는 것을 Pascal을 밝혔다. 이와 같이 구체적인 문제 상황에서 출발한 확률 개념이 점차 발전하여 지금은 정보화 사회에서 수학의 중요한 분야로 자리매김하게 되었다. 확률 개념의 발생과 발전 과정에 주사위를 사용한 놀이와 게임이 밀접하게 관련되었음을 알 수 있다.

나만의 마술

1. 주사위 눈의 배치(시계 방향, 반시계 방향)를 이용한 주사위 마술을 만들어 보시오.

주사위 눈의 합

 주사위 2개를 던지고, 그 중 하나를 다시 던져서 나온 수들의 합을 알아맞히는 마술입니다. 물론 마술사는 주사위를 볼 수 없습니다.

(뒤돌아서서 주사위를 보지 않는다) 주사위 2개를 던지세요. 마술사는 어떤 수가 나왔는지 전혀 알 수 없습니다.

(주사위 2개를 던진다)

주사위의 두 수를 더하세요.

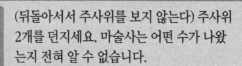

(3+6=9)

두 주사위 중 하나를 선택하여 마주 보는 면의 수를 더하세요.

(3의 주사위를 선택하고, 4+9=13)

선택한 주사위를 한 번 더 던지세요.
윗면의 수를 더하세요.

$(6+13=19)$

합이 얼마인지 잘 알아맞히겠습니다.

마술사의 생각

$6+6=12$, 12에 7을 더하면 19이다.

(뒤돌아선다. 주사위가 6, 6임을 보고)
"합은 19입니다."

주사위를 이용한 마술은 대부분 도구를 사용하거나 눈속임을 이용한 마술이지만 수학마술에서는 마주보는 면의 합은 7이라는 주사위의 성질을 이용한다.

위의 마술은 주사위 2개를 던졌을 때 어떤 눈이 나왔는지를 알아맞히는 마술이다. 이 과정에서 주사위의 마주보는 면의 합은 7이라는 성질을 이용하는 것이다.

주사위 2개 A, B를 던져서 A는 3, B는 6이 나왔다고 하자. 두 수의 합을 구하면 9이다([그림 6-1]).

A   **B**

[그림 6-1] 3+6=9

주사위 하나를 마음대로 선택하여 마주보는 면의 눈을 더하게 한다([그림 6-2]). 여기서는 주사위 A를 선택하여 마주보는 면의 수를 더하였으므로 9+4=13이다. 이 결과는 B 주사위의 수 6에 7을 더한 것과 같다.

3의 마주보는 면

[그림 6-2] 9+4=13

선택한 주사위 A를 다시 던져서 나온 수를 더하여 합을 구하게 하였다. 주사위 A를 던졌더니 6이 나왔으므로 합하면 19이다.

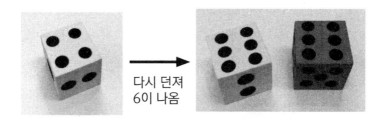

다시 던져
6이 나옴

[그림 6-3] 13+6=19

이제까지의 과정은 마술사가 눈을 가리거나 뒤돌아 있었으므로 처음에 주사위를 던졌을 때 어떤 수가 나왔는지도 모르고, 어떤 주사위를 선택하여 마주보는 면의 수를 더하고, 다시 던져 합을 구하였는지도 모른다.

그러나 마술사가 뒤돌아서서 주사위 2개의 수를 보았을 때 6, 6임을 알 수 있었으므로 여기에 7을 더하면 6+6+7=19임을 알 수 있다. 즉, 주사위

B는 고정시키고 주사위 A만 다시 던졌으므로 7이 더해졌음을 알 수 있다.

이번에는 주사위 3개를 던져 위와 같은 마술을 진행하였을 때 합을 알 아맞히는 마술을 살펴보자. 마술사는 뒤돌아서고, 주사위 3개 A, B, C를 던지게 한다([그림 6-4]).

[그림 6-4]

윗면의 세 수를 더하게 한다(6+4+5=15). 주사위 3개 중에서 마음대로 하나를 선택하여 마주보는 면의 수를 더하게 한다. 예를 들어, 주사위 B 를 선택하였다면 마주보는 면의 수는 3이므로 15+3=18이다.

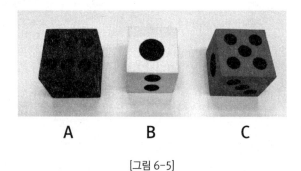

[그림 6-5]

그리고 주사위 B를 다시 던지게 하고 윗면의 수를 더하게 한다([그림

6-5] 18+1=19). 나머지 2개 중 하나를 마음대로 선택하여 마주보는 면의 수를 더하게 한다. 예를 들어, 주사위 C를 선택하였다면 마주보는 면의 수는 2이므로 19+2=21이다. 그리고 주사위 C를 다시 던지게 하고 윗면의 수를 더하게 한다([그림 6-5] 21+3=24).

[그림 6-6]

이 단계까지 마술사는 뒤돌아서 있었으므로 주사위에 대한 정보나 계산 결과를 전혀 알 수 없다. 다시 뒤돌아섰을 때 마술사가 알 수 있는 정보는 오직 [그림 6-6]과 같이 주사위 3개의 윗면의 수뿐이다. 그러나 마술사는 계산 결과가 24임을 쉽게 알아맞힐 수 있다. 6+1+3=10이고 이 수에 14를 더하면 된다.

나만의 마술

1. 주사위 4개를 던져서 합을 알아맞히는 마술을 만들어보자.

늘어놓은 주사위 순서는?

 주사위 3개를 차례로 던지면 주사위의 수를 던진 순서대로 알아맞히는 마술입니다. 물론 마술사는 볼 수 없습니다.

여러분은 주사위 3개를 차례로 던져서 한 줄로 늘어놓을 것입니다. 그러면 마술사는 주사위가 놓인 순서를 알아맞히겠습니다. (뒤돌아선다) 주사위 3개를 던지세요. 그리고 한 줄로 늘어놓으세요.

(주사위 3개를 던지고, 한 줄로 늘어놓는다. 5, 2, 6)

앞에서부터 첫째, 둘째, 셋째 주사위라고 하겠습니다. 첫째 주사위 수에 2를 곱하고 5를 더한 다음에 5를 곱하세요.

$(5 \times 2 + 5 = 15, \ 15 \times 5 = 75)$

그 수를 둘째 주사위 수에 더한 다음, 10을 곱하세요.

$(75 + 2 = 77, \ 77 \times 10 = 770)$

그 결과를 셋째 주사위 수에 더하시오.
얼마입니까?

776

마술사의 생각

776에서 250을 빼면 526. 그렇다면 첫째
주사위는 5, 둘째 주사위는 2, 셋째 주사위는
6이군.

"첫째 주사위는 5,
둘째 주사위는 2,
셋째 주사위는 6입니다."

이 마술은 주사위를 사용하지 않고 임의의 한 자리 수 3개를 생각하고 그 수를 알아맞히는 마술과 그 원리는 같다. 다만, 주사위를 사용한 것은 호기심을 자극하기 위함이다.

주사위 1개를 3번 던져 그 수를 차례로 알아맞히는 방법도 있지만 색깔이 다른 주사위 3개를 사용하는 것이 좋다.

마음대로 생각한 3자리 수 또는 주사위의 수 A, B, C를 알아맞히려면 적절한 연산을 통하여 학생이 ABC로 대답할 수 있도록 해야 한다. 즉, A에 100을 곱하면 백의 자리 수가 될 것이고, B에 10을 곱하면 십의 자리 수가 될 것이며, 마지막으로 C를 더하면 C는 일의 자리 수가 된다. 그렇다고 하여 A에 100을 곱하게 하고, B에 10을 곱하게 한 다음 C를 더하게 하면 상대방이 눈치를 챌 수 있어 마술의 호기심이 사라져버린다. 따라서 A에 4를 곱하고 5를 더한 다음($4A+5$), 25를 곱하고($100A+125$), 125를 빼게 한다면 A는 백의 자리 수가 되는데 이런 과정을 거치게 한다면 학생들은 눈치 채기 어려울 것이다.

일반 마술에서는 관중의 시선을 딴 데로 집중시켜서 깜짝 놀라게 한다면 수학 마술에서는 머리를 복잡하게 만들어 깜짝 놀라게 한다.

첫째 주사위를 A, 둘째 주사위를 B, 셋째 주사위를 C라고 하면 첫째 주사위의 수에 2를 곱하고 5를 더한 다음 5를 곱하면 $(2A+5)\times5=10A+25$이고, 둘째 주사위의 수를 더하고 10을 곱하면 $(10A+25+B)\times10=100A+250+10B$이다. 마지막으로 C를 더하면 $100A+250+10B+C$이다. $100A+250+10B+C$에서 250을 빼면 $100A+10B+C$이다.

A에 2를 곱하고 5를 더한다. → 2A+5

5를 곱한다. → (2A+5)×5=10A+25

B를 더하고 10을 곱한다. → (10A+25+B)×10=100A+250+10B

C를 더한다. → 100A+250+10B+C

250을 뺀다. → 100A+250+10B+C−250=100A+10B+C

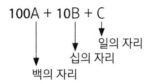

계산을 마치면, 첫째 주사위의 수 A는 100의 자리 수로 되었고, 둘째 주사위의 수 B는 십의 자리 수, 셋째 주사위의 수 C는 일의 자리 수가 되었다.

주사위 2개를 던졌을 때 나온 수를 알아맞히는 마술을 만들어보자. 처음에 던진 주사위를 A, 나중에 던진 주사위를 B라고 하면,

A에 5를 곱하고 2를 더한다. → 5A+2

2를 곱한다. → (5A+2)×2=10A+4

B를 더한다. → 10A+4+B

4를 뺀다. → 10A+B

만약 소수의 곱셈을 학습하였다면 이 마술을 이용하여 다음과 같이 재미있게 연습시킬 수 있다.

처음에 던진 주사위를 A, 나중에 던진 주사위를 B라고 하면,

A에 2.5를 곱하고 0.5를 더한다. → 2.5A+0.5

2를 곱한다. → $(2.5A+0.5) \times 2 = 5A+1$

0.01을 곱한다. → $(5A+1) \times 0.01 = 0.05A+0.01$

B를 더한다. → $0.05A+0.01+B$

200을 곱한다. → $(0.05A+0.01+B) \times 200 = 10A+2+200B$

2를 뺀다. → $10A+200B$

계산 결과에서 십의 자리 숫자는 처음에 던진 주사위 A의 수이고, 천의 자리와 백의 자리, 또는 백의 자리 수를 2로 나누면 나중에 던진 주사위 B의 수가 된다. 예를 들어, 주사위를 던져 2와 6이 나왔다면,

A에 2.5를 곱하고 0.5를 더한다. → $2 \times 2.5+0.5 = 5.5$

2를 곱한다. → $5.5 \times 2 = 11$

0.01을 곱한다. → $11 \times 0.01 = 0.11$

B를 더한다. → $0.11+6 = 6.11$

200을 곱한다. → $6.11 \times 200 = 1222$

2를 뺀다. → $1222-2 = 1220$

십의 자리 숫자는 처음에 던진 주사위 수를 나타내고, 천의 자리와 백의 자리 수 12를 2로 나누면 6이므로 나중에 던진 주사위 수는 6이다.

마술에 빠진 수학

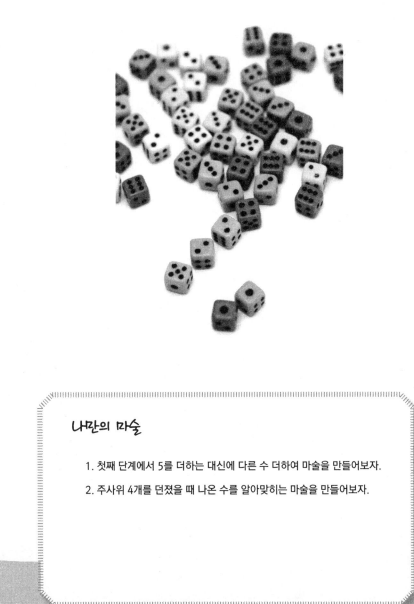

나만의 마술

1. 첫째 단계에서 5를 더하는 대신에 다른 수 더하여 마술을 만들어보자.

2. 주사위 4개를 던졌을 때 나온 수를 알아맞히는 마술을 만들어보자.

Math Magic 6-4

시간과 돈

 시계 모양으로 늘어놓은 동전 12개를 마음대로 뒤집어 놓으면 앞면과 뒷면의 수가 같도록 동전을 두 묶음으로 묶는 마술입니다.

500원짜리 동전이 시계 숫자에 놓여있습니다. 모두 앞면입니다. (마술사는 뒤돌아선다) 여러분이 마음대로 선택하여 동전 6개를 뒤집으세요. 물론 마술사는 볼 수 없습니다.

(임의로 동전 6개를 뒤집는다)

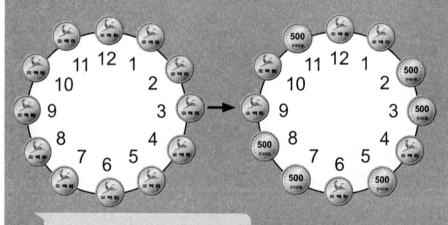

6개는 앞면이고, 6개는 뒷면이지요?

예

1, 4, 5, 8, 9, 10시를 가리키고 있는 동전을 다시 뒤집으세요.

(다시 뒤집는다.)

앞면은 몇 개 있습니까?

ㅣ개입니다.

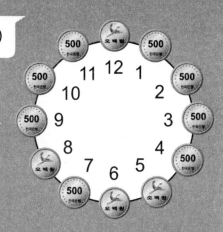

1묶음이 (앞면 2개, 뒷면 4개)가 되도록 2묶음으로 분류하겠습니다. 물론 어느 것이 앞면이고 뒷면인지 모릅니다.

12시 10분, 6시 5분 전, 7시 15분을 가리키는 동전을 한 묶음으로 하면 앞면이 2개, 뒷면이 4개입니다.

마술사의 생각

앞면이 ㅣ개라고? 음, 그건 필요 없고, …… 1, ㅣ, ㄷ, 8, 9, 10시의 동전을 바꾸라고 했으니 건드리지 않은 동전은 2, 3, 6, 7, 11, 12시에 있는 것이지. 그대로 말하면 아마 눈치 챌거야. 이것을 시각으로 읽으면 뭐가 뭔지 잘 모르겠지.

"12시 10분, 6시 5분전, 7시 15분에 있는
동전으로 묶으면 된다. "

처음에는 모두 앞면으로 놓인 동전을 마술사가 보지 않은 상황에서 임의대로 동전을 뒤집었다면 어느 동전이 앞면인지 뒷면인지도 모른다. 이런 상황에서 동전을 앞면과 뒷면의 개수가 같은 두 묶음으로 묶는 것이 가능한 일인가? 약간의 트릭을 사용한다면 가능한 일이다. 물론 학생이 눈치 채지 못하게 해야 한다.

이 마술에서는 시계를 사용하였는데 사실 시계는 동전을 위치로 구별하기 위함이다. 시계 대신에 동전에 번호를 부여하여도 된다.

시계의 숫자 위에 동전 12개를 모두 앞면으로 하여 놓았다. 마술사는 뒤로 돌아선다. 학생에게 마음대로 동전 6개를 뒤집게 한다. 어느 것인지는 모르지만 앞면이 6개, 뒷면이 6개일 것이다. 이 상태에서 1, 4, 5, 8, 9, 10시에 있는 동전을 다시 뒤집게 한다. 즉, 앞면이면 뒷면으로, 뒷면이면 앞면으로 뒤집게 한다.

이때, 마술사는 어느 동전이 앞면인지 뒷면인지는 물론이고, 앞면이 몇 개인지도 알 수 없다. 이런 상황에서 동전 12개를 앞면과 뒷면의 수가 같도록 2묶음 - 예를 들어, (앞면 1개, 뒷면 5개), 또는 (앞면 4개, 뒷면 2개) -으로 묶을 수 있을까?

우선, 앞면이 몇 개인지 물어본다. 이 질문은 동전을 똑같은 2묶음으로 묶을 방법을 알아야 하기 때문이다. 즉, 앞면이 4개라면 (앞면 2개, 뒷면 4개)를 한 묶음으로 묶을 수 있다. 또, 앞면이 2개라면 (앞면 1개, 뒷면 5개)로 묶어야 할 것이다. 위의 마술에서는 앞면이 4개라고 했으므로 (앞면 2개, 뒷면 4개)로 묶어야 한다.

12시 10분이 가리키는 동전은 (앞, 뒤)이고, 6시 5분 전이 가리키는 동전은 (앞, 뒤)이고, 7시 15분이 가리키는 동전은 (뒤, 뒤)이다. 이들을 한 묶음으로 묶으면 (앞 2, 뒤 4)이고, 남은 동전들도 (앞 2, 뒤 4)로 묶을 수 있다.

어느 동전이 앞면인지 뒷면인지도 모르는데 어떻게 똑같은 2묶음으로 묶을 수 있었을까? 이 마술의 핵심이 어디에 있는지 알아보자.

시계 숫자 1, 4, 5, 8, 9, 10에 있는 동전을 뒤집게 하고, 12시 10분, 6시 5분 전, 7시 15분을 가리키고 있는 동전을 한 묶음으로 하였다. 시계가 가리키는 숫자는 2, 3, 6, 7, 11, 12이다. 이 숫자들은 건드리지 않은 동전이다. 다시 말하면, 2, 3, 6, 7, 11, 12에 있는 동전을 학생들이 눈치채지 못하도록 시각을 나타내는 숫자로 위장한 것이다. 또, 1, 4, 5, 8, 9, 10을 한 묶음으로 해도 되지만 학생들이 눈치 채기 쉽기 때문이다.

다음 표를 보자. 원래 상태는 모두 앞면(○)이다. 처음에 마음대로 6개를 뒤집게 하였다. 두 번째에는 1~6까지 뒤집게 하였더니 앞면이 6개, 뒷면(×)이 6개이다. 앞면이 6개이므로 (앞면 3, 뒷면 3개)로 묶을 수 있다.

	1	2	3	4	5	6	7	8	9	10	11	12
원상태	○	○	○	○	○	○	○	○	○	○	○	○
1회(임의)	×	○	○	×	×	○	○	×	×	○	○	×
2회(지정)	○	×	×	○	○	×	○	×	×	○	○	×

또 다른 예를 들어보자. 처음에 마음대로 1~6까지 뒤집었다고 해보자. 그리고 1, 3, 5, 7, 9, 11을 다시 뒤집게 하면 다음 표와 같이 된다.

	1	2	3	4	5	6	7	8	9	10	11	12
원상태	○	○	○	○	○	○	○	○	○	○	○	○
1회(임의)	×	×	×	×	×	×	○	○	○	○	○	○
2회(지정)	○	×	○	×	○	×	×	○	×	○	×	○

위의 표에서 보듯이 1, 3, 5, 7, 9, 11과 2, 4, 6, 8, 10, 12로 묶으면 (앞면 3개, 뒷면 3개)로 두 묶음이 서로 같다.

이번에는 동전의 개수를 10개로 하여 그 원리를 알아보자. 원래 상태에서 1회에 마음대로 5개를 뒤집게 하여 다음 표와 같이 되었다고 하자.

	1	2	3	4	5	6	7	8	9	10
원상태	O	O	O	O	O	O	O	O	O	O
1회(임의)	×	×	O	O	×	O	×	O	×	O
2회(지정)	O	×	×	O	O	O	O	O	O	O

2회에 마술사의 요구에 따라 홀수에 있는 동전 즉, 1, 3, 5, 7, 9에 있는 동전을 뒤집게 하였더니 앞면이 8개였다. 따라서 (앞면 4, 뒷면 1)로 묶으면 된다. 홀수를 뒤집게 하였으므로 그들끼리 묶어도 된다. 즉, 홀수에 있는 동전도 (앞면 4, 뒷면 1)이고, 짝수에 있는 동전도 (앞면 4, 뒷면 1)이다.

다음과 같은 경우에서도 알아보자.

1회에 짝수에 있는 동전만 뒤집고, 2회에 마술사의 요구에 따라 1~5번에 있는 동전을 다시 뒤집게 하였다면 다음 표와 같이 될 것이다.

	1	2	3	4	5	6	7	8	9	10
원상태	O	O	O	O	O	O	O	O	O	O
1회(임의)	O	×	O	×	O	×	O	×	O	×
2회(지정)	×	O	×	O	×	×	O	×	O	×

마술사는 보지도 않고 1~5번에 있는 동전을 한 묶음으로 하고, 나머지

를 또 한 묶음으로 하면 두 묶음에 있는 동전은 각각 앞면이 2개, 뒷면이 3개가 된다.

또, 마술사의 요구에 따라 2회에 홀수에 있는 동전을 다시 뒤집게 하였다면 다음표와 같게 된다.

	1	2	3	4	5	6	7	8	9	10
원상태	○	○	○	○	○	○	○	○	○	○
1회(임의)	○	×	○	×	○	×	○	×	○	×
2회(지정)	×	×	×	×	×	×	×	×	×	×

이와 같은 경우라면 모두 뒷면인 두 묶음으로 묶을 수 있다.

나만의 마술

1. 동전 4개를 이용하여 위와 같은 마술을 만들어 시연하면서 그 원리를 알아보자.

2. 동전 20개를 이용한 마술을 만들어보자.

수 카드 뒤집기

 앞면에는 홀수, 뒷면에는 짝수가 적혀있는 수 카드가 있습니다. 앞면의 합은 16입니다. 마술사 모르게 마음대로 수 카드 1장을 뒤집으면 그 합이 얼마인지 알아맞히는 마술입니다.

수 카드 4장이 있습니다. 앞면에는 1, 3, 5, 7이고, 뒷면에는 각각 2, 4, 6, 8이 적혀있습니다. 처음에 모두 홀수가 보이도록 놓았습니다. 수들의 합은 얼마입니까?

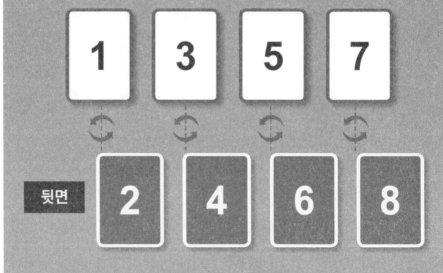

뒷면

16입니다.

앞을 볼 수 없도록 눈을 가리겠습니다. (수건으로 눈을 가린다) 여러분이 수 카드 1장을 마음대로 뒤집으세요. 그러면 수의 합이 얼마인지 알아맞히겠습니다.

(수 카드 나를 선택하고 뒤집는다) 뒤집었습니다.

| 1 | 3 | 6 | 7 |

마술사의 생각

1장을 뒤집었으므로 16에 1을 더하면 된다.

"합은 17입니다. "

이 마술은 매우 단순하여 저학년 학생들에게 적절하다. 앞면에 1, 뒷면에 2, 앞면에 3, 뒷면에 4, … 등으로 적혀 있는 수 카드가 4장 있다. 모두 홀수가 보이도록 놓으면 그 수들의 합은 16이다.

이 상태에서 마음대로 1장만 뒤집는다면 어느 카드를 뒤집어도 합은 항상 17이다. 왜냐하면 수 카드 뒷면에 적혀있는 짝수는 앞면의 홀수보다 1이 크기 때문이다.

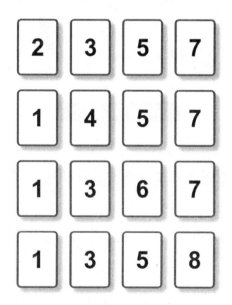

이 마술은 여러 가지로 변형시킬 수 있다.

변형 1. 마음대로 뒤집기

수 카드를 1장~4장까지 마음대로 뒤집게 한 다음, 그 수들의 합을 알아맞히는 마술로 변형할 수 있다. 즉, 수 카드를 1장만 뒤집게 하면 원래의 합 16보다 1이 커지지만 2장을 뒤집으면 원래의 합보다 2가 커지고, 3장을 뒤집으면 3, 4장을 뒤집으면 4가 커지게 되므로 이를 이용한 마술로 만들 수 있다.

> M: 수 카드 4장이 있습니다. 앞면에는 1, 3, 5, 7이고, 뒷면에는 각각 2, 4, 6, 8입니다.

> M: 마음대로 뒤집으세요. 물론 어떤 수 카드를 뒤집었는지 마술사는 전혀 알 수 없습니다.
> M: 몇 장 뒤집었습니까?
> S: 3장 뒤집었습니다.
> M: 3장을 뒤집었다면 합은 19입니다.

변형 2. 숫자 바꾸기

수 카드의 앞면과 뒷면에 있는 수 크기의 차가 1인 것은 마술사가 쉽게 계산할 수 있기 때문이다. 수 크기의 차가 5인 경우에도 암산이 어렵지 않

기 때문에 앞면 1, 뒷면 6 등으로 수 카드를 만들어 다음과 같은 마술을
보일 수 있다.

> M: 수 카드 4장이 있습니다. 앞면에는 1, 2, 3, 4이고, 뒷면에는 각각 6, 7,
> 8, 9입니다.

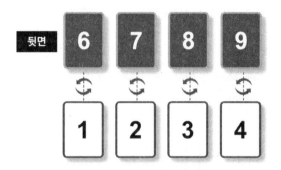

> M: 마음대로 뒤집으세요. 물론 어떤 수 카드를 뒤집었는지 마술사는 전혀
> 알 수 없습니다.
> M: 몇 장 뒤집었습니까?
> S: 3장
> M: 그럼, 수들의 합은 25입니다.

변형 3. 숫자 바꾸기

변형 1과 2의 마술을 종합하여 다음과 같은 마술을 만들 수 있다. 마술
을 시작하기 전에 앞면에 있는 수들의 합이 얼마인지 미리 알아두어야 하
며, 홀수가 몇 개있는지를 물어서 합을 알아맞힌다.

M: 앞면에 11인 수 카드의 뒷면에는 16, 25의 뒷면에는 30, 3의 뒷면에는 8, 71의 뒷면에는 76, 9의 뒷면에는 14가 적혀있습니다.

M: (안대로 눈을 가리면서) 여러분이 숫자 카드를 마음대로 뒤집어주세요. 그러면 카드에 적혀있는 수의 합을 알아맞힐 수 있습니다. 뒤집은 숫자 카드를 다시 뒤집을 수 있습니다.

S: (마음대로 뒤집는다)

M: 홀수는 몇 개 있습니까?

S: 3개 있습니다.

M: 그럼, 5개 수의 합은 121입니다.

나만의 마술

1. 숫자를 바꾸어 다른 마술을 만들어 보시오.
2. 자릿수 근 9를 이용한 수 카드를 만들어 어느 수 카드를 뒤집었는지 알아맞히는 마술을 만들어 보시오.

도미노

 상자 안에 도미노가 많이 있습니다. 여러분이 마음대로 하나를 선택하면 그 도미노가 어떤 도미노인지 알아맞히는 마술입니다.

여러분의 마음에 드는 도미노 1개를 선택하면 어떤 도미노인지 알아맞힐 수 있습니다. 도미노를 1개 선택하세요.

(도미노 1개를 선택한다)

두 수 중 하나를 선택하여 5를 곱하세요.

(5×5=25)

그 수에 6을 더하세요.

(25+6=31)

그 수에 2를 곱하세요.

(31×2=62)

도미노의 나머지 수를 더하세요.

(62+2=64)

얼마인가요?

64입니다.

마술사의 생각

64라고 했으니 64에서 12를 빼면 52. 그렇다면
5와 2가 있는 도미노이군.

"선택한 도미노는 5와 2입니다."

마술의 소재는 도미노이지만 한 자리인 두 수를 생각하게 하고, 연산을 통하여 그 두 수를 알아맞히는 마술과 같다. 도미노만 사용했을 뿐이다.

도미노(dominoes)란 정사각형 2개를 붙인 직사각형을 말한다. 참고로 정사각형 3개를 이어붙인 도형을 트리오미노(triominoes)라고 하며, 4개를 이어붙인 도형을 테트라미노(tetraminoes), 5개를 이어붙인 도형을 펜토미노(pentominoes)라고 한다.

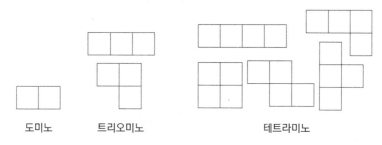

도미노   트리오미노   테트라미노

도미노의 정사각형에 0~6개까지 점을 찍어서 수를 나타내어 수와 연산 학습에 활용하거나 게임으로도 이용할 수 있다.

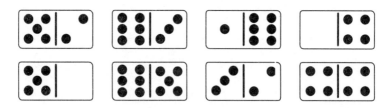

점의 개수가 a, b인 도미노를 선택하였다고 하자. 두 수 중에서 를 선택하였다면 마술은 다음과 같은 절차를 따른다.

선택한 수에 5를 곱한다. → 5×a

6을 더한다. → 5×a+6

2를 곱한다. → (5×a+6)×2=10a+12

도미노의 나머지 수를 더한다. → 10a+12+b

마지막 계산 결과가 10a+12+b이므로 학생이 대답한 수에서 12를 빼면 10a+b이므로 십의 자리는 선택한 수이고, 일의 자리는 나머지 수이다.

위의 마술에서 계산 결과가 64이므로 64에서 12를 빼면 52이다. 따라서 도미노에서 선택한 수는 5, 나머지 수는 2이다.

만약에 [:::]인 도미노를 선택하였다면

선택한 수에 5를 곱한다. → 5×0

6을 더한다. → 6

2를 곱한다. → 6×2=12

도미노의 나머지 수를 더한다. → 12+4=16

마지막 계산 결과 16에서 12를 빼면 4가 되는데 십의 자리가 0이므로 0과 4인 도미노임을 알 수 있다. 물론, 계산 결과가 12라면 0과 0인 도미노이다.

이 마술은 두 자리 수를 알아맞히는 마술, 주사위 2개를 던져서 눈의 수를 알아맞히는 마술 등으로 응용될 수 있다.

나만의 마술

1. 마지막 계산 결과에서 12를 더하여 수를 알아맞히는 마술을 만들어 보시오.

2. 주사위 3개를 던져서 나온 눈의 수를 알아맞히는 마술을 만들어 보시오.

동전 앞면과 뒷면

 동전으로 하는 아주 간단한 마술로 취학 전이나 저학년 학생들에게 적절합니다. 동전을 마음대로 선택하고, 마음대로 뒤집은 다음, 동전 한 개를 손으로 가리면 그 동전이 앞면인지 뒷면인지 알아맞히는 마술입니다.

500원짜리 동전이 5개 있습니다. 뒤돌아서 있을 때 여러분이 동전을 뒤집고 어느 1개를 손으로 가리면 그 동전이 앞면인지 뒷면인지 알아맞힐 수 있습니다.

확률 50% 아닌가요?

물론 그렇게 생각할 수 있지요. 10번 시도하면 10번 모두 맞힐 수 있습니다. 이렇게 되면 확률로 알아맞히는 것이 아니지요. 자, 시작하겠습니다. (시작하기 전에 앞면이 몇 개인지 확인한다. 3개)

하나

(동전 1개를 선택하여 뒤집는다)

셋

(동전을 1개 선택하여 뒤집는다.
같은 동전을 반복해도 된다)

넷, 5개 동전 중에서 어느 1개를 손으로 가려주세요. 그 동전이 앞면인지 뒷면인지를 알아맞히는 것입니다.

(동전 1개를 손으로 가린다)

마술사의 생각

4번 뒤집었으니 원래 상태가 되어야 한다.
처음에 앞면이 3개였으니까 손으로 가린
동전은 앞면이다.

(앞을 보면서 나머지 동전에서
앞면이 몇 개인지 확인한다.)
"손으로 가린 동전은 앞면입니다."

Math Magic 6-8 성냥개비 마술

 여러분이 성냥개비를 마음대로 놓은 다음, 마술사의 지시에 따라 성냥개비를 움직이면 마지막에 남은 성냥개비가 몇 개인지 알아맞히는 마술입니다. 물론 마술사는 눈을 가리고 있어서 처음에 성냥개비를 몇 개 놓았는지 모르지요.

(책상 위에 성냥개비 상자를 놓는다) 책상 위에 성냥개비가 많이 있습니다. 마술사는 눈을 가리고 몇 가지 지시를 할 것입니다. 여러분이 지시대로 하면 마지막에 남은 성냥개비가 몇 개인지 알아맞힐 수 있습니다.

(안대로 눈을 가린 채 지시한다) 여러분 마음대로 성냥개비를 3묶음을 만드세요. 각 묶음의 개수는 같아야 합니다.

(7개씩 3묶음을 만들어 놓는다) 만들었습니다.

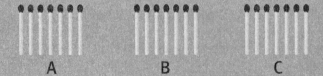

A   B   C

왼쪽에 있는 것부터 A, B, C라고 하겠습니다. 자, 이제부터 시작입니다. A, C에서 성냥개비를 3개 빼서 B에 놓으세요.

A   B   C

A에 남은 성냥개비를 모두 성냥개비 상자에 넣으세요. 그러면 책상 위에는 B와 C만 남아 있을 것입니다.

예

C에 몇 개 남아있는지 세어보세요. 그만큼 B에서 빼세요.

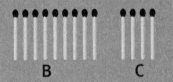

B

C

(C에 남아있는 것이 4개이므로 B에서 4개를 뺀다)

B에서 뺀 성냥개비와 C에 있는 성냥개비를 모두 성냥개비 상자에 넣으세요. 그럼 성냥개비는 B만 남아있을 것입니다.

예

마술사는 처음에 성냥개비를 몇 개 놓았는지 모릅니다. 따라서 B에 남아있는 성냥개비가 몇 개인지 안다는 것은 불가능한 일이지요?

예

그런데 그것을 알아낼 수 있습니다. B에 남은 성냥개비 중에서 마술사에게 주고 싶은 만큼 주세요. 1개, 2개?....

(3개를 준다.)

마술사의 생각

B에 남아있는 성냥개비는 항상 9개인데 나한테 3개를 주었다. 그렇다면 남아 있는 성냥개비는 6개이다.

(손을 잡으면서 텔레파시를 보내 몇 개 남았는지 알아낸다)

"남은 것은 6개입니다."

성냥개비를 준비하기 어려울 것이므로 동전, 바둑돌, 연필 등 학생들이 가지고 있는 물건을 이용하는 것이 좋다.

보통의 마술은 처음의 상태를 확인한 다음에 눈을 가리거나 보지 않은 상황에서 몇 가지 지시를 한 후에 결과를 알아맞히지만 이 마술은 처음의 상태를 알지 못하는 상황에서 결과를 알아맞히는 마술이다. 이 마술이 가능한 일인지 알아보자.

마술사의 지시대로 성냥개비를 옮겨보자.

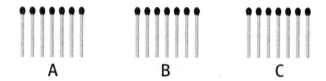

1단계: A, C에서 3개씩 빼서 B에 옮긴다. B에는 13개, A와 C에는 각각 4개씩 있게 된다.

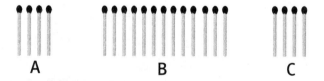

2단계: C에 남아있는 성냥개비 개수만큼 B에서 뺀다. 그리고 B만 남기고 성냥개비를 모두 상자에 넣는다. B에서 4개를 빼면 9개 남는다. 즉, A와 C에서 3개를 빼서 B에 놓은 다음, C에 남은 성냥개비 수만큼 B에서 빼면 B에는 9개가 남는다. 3개를 뺐을 때 9개가 남았음에 주목하자.

B

이번에는 처음에 성냥개비가 10개씩 놓인 마술사의 지시대로 성냥개비를 옮겨보자.

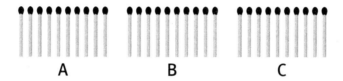

A   B   C

1단계: A, C에서 5개씩 빼서 B에 옮긴다. B에는 20개, A와 C에는 각각 5개씩 있게 된다.

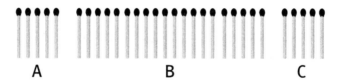

A   B   C

2단계: C에 5개 남아있으므로 B에서 성냥개비 5개를 뺀다. 그리고 B만 남기고 성냥개비를 모두 상자에 넣는다.

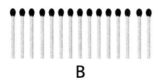

B

B에 남아있는 성냥개비는 15개이다. 1단계에서 5개를 뺐을 때 B에는 15개 남아있게 되었다.

위의 2가지 예에서 보듯이, 1단계에서 3개를 뺐을 때에는 9개, 5개를 뺐을 때에는 15개가 남았다. 즉, 뺀 개수의 3배가 남아있음을 예상할 수 있다. 이를 일반화하여 보자.

처음에 성냥개비를 개씩 3묶음 놓았다고 하자. A와 C묶음에서 개씩 빼서 B에 더하면 B에는 성냥개비가 +2개 있다.

C에 남은 수만큼 B에서 빼면 B에는 3개 남게 된다. 이를 표로 나타내면 다음과 같다.

A	B	C
x	x	x
$x-y$	$x+2y$	$x-y$
	$x+2y-(x-y)=3y$	

위의 표에서 알 수 있듯이 B에 남은 개수는 $3y$인데 B의 개수를 알아맞히려면 y를 알아야 한다. 그런데 는 마술사가 처음에 A와 C에서 3개씩 빼어서 B에 놓으라고 했으므로 $y=3$임을 알 수 있다. 결국 B의 개수는 9개인 것이다.

위의 마술에서는 마술사가 몇 개를 빼라고 하였을 때 이미 B에 남아있는 개수는 결정된 것이나 다름없다.

마술을 다시 구성해보자.

M: 성냥개비를 똑같이 3묶음으로 놓으세요.

S: (10개씩 3묶음으로 놓는다.)

M: A와 C에서 5개를 빼어서 B에 놓으세요.

S: (5개를 빼어서 B에 놓는다.)

M: B에서 C에 남아있는 개수만큼 빼세요.

이 때 B에는 성냥개비가 5개의 3배인 15개 있게 된다. 마술사는 B에 남아있는 개수를 바로 알아맞힐 수 있지만 마술의 재미와 마술사에 대한 호감도를 알아보기 위하여 마술사에게 주고 싶은 만큼 성냥개비를 주게 하는 것이다. 많이 준다면 마술사에게 호감이 있음을 의미할 것이다. 물론 그 반대일 수 있지만.

나만의 마술

1. 처음에 놓아야 할 성냥개비는 최소 몇 개 이상이어야 하는지 알아보자.

2. 처음에 성냥개비를 4묶음으로 놓았을 때 마술이 어떻게 진행되는지 알아보자.

참고문헌

김윤경(2009). 미술과 흥미유발을 위한 북아트 지도 연구: 마술 그림 중심으로. 대구교육대학교 교육대학원 석사논문.

김은미(2012). 청소년들의 마술교육 참여가 자아정체성 및 학교생활적응에 미치는 효과. 목포대학교 대학원 박사논문

김택수(2015). 이야기로 풀어가는 마술 수업. 춘천교육대학교 연수자료

박근영(2010). 수학마술사의 체. 에듀매직코리아

박태현(2009). 유아 매직 교육의 이해와 실제. 한국교원대학교 종합교육연수원. 2009/12.

변영계(2006). 교수·학습이론의 이해. 서울: 학지사

신용수(2002). 국어과 동기유발을 위한 마술매체 개발 연구. 신라대학교 교육대학원 석사논문.

유영은(2012). 초등학교에서 과학마술을 활용하는 전략의 개발 및 적용. 경인교육대학교 교육대학원 석사논문

윤정현(2012). 과학교육마술 프로그램이 초등학생의 창의적 문제해결력, 과학탐구능력, 과학적 태도에 미치는 효과. 경인교육대학교 교육대학원 석사논문.

이건상(2009). 마술수업이 청소년 자아존중감 향상에 미치는 효과. 한남대학교 사회문화대학원 석사논문.

이동규(2002). 과학마술을 활용한 물리교육 방안의 탐색. 대구대학교 교육대학원 석사논문

이미화(2011). 마술을 활용한 초등영어 수업 지도모형 개발 및 적용. 경인교육대학교 교육대학원 석사논문

장성우(2013). 마술교육 습득이 초등학생의 주의집중력 향상에 미치는 효과. 가천대학교 교육대학원 석사논문.

전경욱(2014). 한국전통연희사전. 민속원

함현진(2011). 지니의 매직업, 함현진. 진한엠앤비

황의성(2011). 마술을 활용한 수업이 중학생의 영어 학습에 미치는 효과 연구. 한국교원대학교 대학원 석사논문.

과학백과사전(2010). http://www.scienceall.com/category/study-2/
scidictionary/ 한국과학창의재단

두산백과사전. http://www.doopedia.co.kr/

e뮤지엄. http://www.museum.go.kr/ 국립중앙박물관

Chris Wardle(2014). Maths tricks & number magic. Lexington, KY.

Martin Gardner(1956). Mathematics, magic and mystery. Dover
Publications.

McCornmack, A. J.(1990). Magic and showmanship for teachers. Natl
Science Teachers Assn.

Paul Swan(2003). Magic with math-Exploring number relationship and
patterns. Didax Educational Resources. www.didax.com.

Scott Flansburg(1993). Math magic. Library of Congress Cataloging-in-
Publication Data.

Theoni Pappas(1994). The magic of Mathematics. Library of Congress
Cataloging-in-Publication Data.

William Simon(1964). Mathematical magic. Library of Congress
Cataloging-in-Publication Data.